U0689954

政务从心做起

陈广胜◉著

浙江大学出版社
ZHEJIANG UNIVERSITY PRESS

图书在版编目(CIP)数据

改变，从心做起/陈广胜著. —杭州：浙江大学出版社，2014.8(2015.7重印)

ISBN 978-7-308-13496-5

Ⅰ. ①改… Ⅱ. ①陈… Ⅲ. ①人生哲学—通俗读物 Ⅳ. ①B821-49

中国版本图书馆CIP数据核字（2014）第150227号

改变，从心做起

陈广胜　著

责任编辑　谢　焕
装帧设计　续设计
出版发行　浙江大学出版社
（杭州市天目山路148号　邮政编码310007）
（网址：http://www.zjupress.com）
排　　版　杭州林智广告有限公司
印　　刷　浙江海虹彩色印务有限公司
开　　本　880mm×1230mm　1/32
印　　张　6
字　　数　85千
版印次　2014年8月第1版　2015年7月第5次印刷
书　　号　ISBN 978-7-308-13496-5
定　　价　28.00元

浙江大学出版社发行部联系方式：(0571) 88925591；
http://zjdxcbs.tmall.com

目录

CONTENTS

心之度

心之戒

心之悟

序

麦　家

一

我一直固执地认为，要认识一个人，走进他的内心，文字是最好的途径。我与陈广胜先生并无世俗间甚嚣尘上的深交，但阅读了《改变，从心做起》之后，我已将广胜兄视为知交好友。以文会友。见字如晤。因文字而生的心灵共鸣，是人世间最美好的邂逅，它干净、纯粹、智性、良善，思考也无需说明，就像梦中的一个秘密的亲切的影子，清晰，平和，立体，神秘，并隽永无限。

这样的阅读体验，我曾多次荣幸地在博尔赫斯、加西亚·马尔克斯、卡夫卡或者加缪的文本中获得。无疑，“心”是备受历代哲人所瞩目的命题，其内容之博大，系统之庞杂，流派之众多，著作之卷帙浩繁，伴随着文明的进程，暗中构成了与物质生活、具象社会若即若离的存在。这对“心思”有重大的影响，并引发了许多始料未及的连锁反应。

“心思”领着我思考，《改变》触及了一些问题的核心和实质，它并不神秘，或并不故作神秘，浅显易懂的行文没有丝毫阅读障碍，但冰山一角的背后是岁月峥嵘，世态炎凉。这层意义上，我甚或愿意将其与《恶之花》相比较，以光和影，以正面和反面，以智慧的中和涯——以这样的方式——因为我们需要正视的，并不仅是方法或态度的本身。

二

在《恶之花》的卷首，激烈的文字如容颜惨白的刀锋，划破历史的肌肤，人性的创口，至今痛彻心扉：

谬误、罪孽、吝啬、愚昧，
占据着人的精神，
折磨人的肉体，
就好像乞丐喂养他们的虱子，
我们喂养着我们可爱的痛悔。

距离这首诗首度发表，已过去 160 年。泛滥的物质让我们这个时代的欲望显得丰腴而尖锐，喧嚣而平淡。“谬误、罪孽、吝啬、愚昧”，波德莱尔为“兄弟和同类”批下的鲜血淋淋的考语，伴随着文明的膨胀，正加速在我们周围生长，夜以继日，无时休憩。也许是太多的风景遮挡了远方，也许是太沉重的生活令时间轻浮，甚至我们都来不及去痛悔，便已流放到了逼仄的光阴的背面。

看青春苦酒，似他园暮色。大时代头重脚轻的冲刺，如落花翻飞，迷离扑朔。波德莱尔的良知事先作出了疼痛的预警，陈广胜先生的智慧，则在“身在此山中”时，为当下开出了一剂温和而不失周济的药方。用他自己的话来说，便是“实实在在的意义”。

三

陈广胜先生在创作技术上极具时代特性的方式，令我感受深刻。

2014 年诺贝尔文学奖得主莫迪亚诺在获奖演说上不无遗憾但也满怀期待地指出：从那(19 世纪)以后，时间已经开始加速向前，这也解释了为何旧时代的文学家们能够建立起那种类似天主教堂一样宏伟壮丽的文学大厦，而如今的作家只能有一些分散的、碎片化的作品问世……我也很好奇下一代人，也就是和互联网、移动电话、伊妹儿和推特共同诞生并成长的一代，会怎样利用文学来表达他们对当今世界的体会？

《改变》是一本由三十篇不足两千字的博文构成的作品，因为作家的有意识，碎片化的断章，最终得以构成一幅周备的图画，星月宏伟，春风释怀。一篇和一本各自的完整性，分别走向了一个终点：这是庖丁解牛的说明，而非盲人摸象的寓意。在我看来，莫迪亚诺的困惑，答案并不在 2014 的年代符号，更不在于时代的记忆和互联网的习惯，它一直就藏在文学本身，从未更易，从未离开。那遥远了的，只有我们的内心。

这一点出乎《改变》的题外，但“恰似一江春水向东流”。对此，我不过想要笨拙地作出一个说明：本书的价值，更不止于上述的叨叨絮语。

2014 年 12 月 15 日

让人生快乐且有价值

一

每个人都有一颗心,每颗心都是一个世界。

在柏拉图看来,人的内心都住着精灵,就像是注定的天命,让自己知道该往哪个方向发展,并最后完成生命的拼图。人生迈出的每一步,正好比在不断地拼图,当生命终结之前,是无法看到全貌的。但是,拼图毕竟不靠倒计时那一刻。每一幅生命的图案,终究由心中的精灵主宰,被心中的愿景一步步牵引而成。

心,在这里不特指体内那形似莲蕊、搏动有律的器官,而是承载人们思想和灵魂的特定空间。毫无疑问,心灵有着不同的境界。境界之别，恰如青原惟信禅师曾说，未参禅时，见山是山，见水是水；及至后来，见山不是山，见水不是水；再至后来，依前见山只是山，见水只是水。从起初到最后，同样的见山见水，却体现了禅师两样的眼光。

普通人自然无需参禅，可心境的高下显而易见。正因如此，不同的内心就有着不同的逻辑。不能说哪种逻辑一定就对，但必然有这样一类精灵，能为平凡人生注入更多的惬意和精彩，并为自己留下一点实实在在的意义。

二

“物随心转，境由心造。”在很大程度上，心境左右着一个人的生活状态和发展轨迹。而一颗智慧的心灵，应当让人生快乐且有价值。

如何能将快乐与价值叠加？人们会不约而同地想到成功——成功给人带来快乐，也或多或少地创造价值。事实上，现代人对于成功的渴望已经白热化，大家只争朝夕，唯恐在哪里慢了半拍。但心浮气躁往往没有像样的收成，可这不足以让人反省，因为功利主义早吞噬了无数的心灵。

“天下熙熙，皆为利来；天下攘攘，皆为利往。”两千多年前，司马迁就生动描述了世人追逐功利的热闹场景。功利并非一样坏东西，可凡事皆有度。当整个社会都拿着计算器衡量值不值钱，当信念、理想无一例外都被换算为财富和权位，这种彻头彻尾的“唯物”观就病入膏肓。此时，人们快节奏地赶路，却将灵魂甩在了身后。

纯粹为功利跳动的心灵将极其疲惫，也很难生出由衷的快乐。欲望无止境，即使你赚再多的钱，握再大的权，紧接着势必有更多、更大的企求。于是，人们屡屡精疲力竭地趴下，那些功利或许能暂时满足世俗的虚荣，却远离了内心的真实需要，更留不下经得起时间检验的价值。

总之，功利可以牵引人的一生，能够填充肉体生命的欲求，但难以让寄寓于肉体中的内在世界充盈，不可能实现精神自由和深层次的心灵快乐。不仅如此，由功利牵着鼻子走的人，总是荒废了最应该做的事，也压抑了个体禀赋本可承载的生命意义。许多人终其一生忙碌，复制的是一种平庸，收获的是一种悲哀。

三

人，需要心灵的超越，这是一场深刻的自我变革。

亚里士多德认为，人有三种生活方式：一是享乐的生活，以满足肉体欲望为主；二是政治的生活，崇尚荣誉，追求财富、地位等外在的东西；三是沉思的生活，专注于精神的思辨。他视沉思为最高贵、最持久的活动，“是人所能得到的完满幸福”，因而最为推崇。

对于上述生活方式，人们都寻求着各自的组合。究竟选择怎样的结构配比，则体现不同的价值取舍和逻辑判断。享乐的生活需要出自人的本能，这与一般动物没有质的区别。政治的生活带来事业的荣耀，却容易让自我迷失。唯有沉思的生活不依赖外部条件，完全可以自主支配。可以说，思考是人与动物的最大区别。从沉思中寻求快乐，是心灵极佳的休养方式，也是人之所以为人的高贵秉性。

沉思在当下越来越少。与之相联的是，精神匮乏已成为社会的一大严重危机。虽然物质在今天可谓极大丰富,人们的生活状况也普遍好于过去,可这并未给人带来内心的富足。相反,大家愈加远离沉思,日益感到精神空虚,以致连许多看似有脸面、很风光的人,都不知如何安放自己的心灵。

但人终究是一种精神性存在,不是靠一团血肉和一副骨架,而是靠主宰内在世界的心灵支撑的。清初大儒李颙说:“夫天下之根本,莫过于人心;天下之大肯綮处,莫过于提醒天下之人心。”人的本质在心灵。因为不管身体多么强健,它毕竟有着空间的限制,并无可避免地走向衰老和死亡。只有心灵经得起岁月的磨损,能跳出外在的约束,甚至当躯体被火化后,仍能让人感受那值得怀念的人格精神。

四

说心灵,道精神,听起来不免有些虚渺。那么,笔者究竟有怎样的企图?人是不能选择出生的,往往也无法选择生命中的许多场景,但我们可以选择改变:改变对自己的认知,改变对生活的态度,改变对成功的看法，以及做人、做事的基点和取向。而一切的改变，归根到底须从心灵做起、从心灵出发。

——这是一本给心灵松绑的书。

人生是一个追求的过程，每个人都有喜欢的、想要的东西，可这些目标并非都能实现。用世俗的眼光衡量，不成功似乎等于失败。假如以此处世，大家一开始便会背上沉重的包袱，稍有不顺，心理就容易失落。但是，我们的内心何必要被这样的绳索所绑架？

做人犹如登山，爬到顶峰固然可喜，在半坡迈步也别有一番情趣。建构起豁达的心灵，不苛求别人眼里的成功，而投身自己应做也喜欢做的事，我们的精神空间随之将变得自由。人到了一定阶段，尤其应注重做事的意义，更专注于过程中的创造与体验。若如此，行为本身就有内在的价值，结果倒变得不太重要。于是，人们的心弦便不至于绷得过紧，对得失、进退将有更好的把握，前方的路也会豁然开朗。

——这是一本让精神愉悦的书。

德国哲学家海德格尔说："人是一种奔向死亡的存在。"有了这样不可逃避的终点，痛苦俨然是人生的基本特征，幸福反倒成了奢侈。很自然地，能在万千痛苦中感知幸福，不正是大智慧？同样身陷囹圄，有人透过窗户只看到漆黑的四周，有人却欣赏了满天的繁星。两者的差异不在眼睛，而在心灵。

幸福，不仅是人的状态，更是一种能力。谁都不可能一帆风顺，但困境中到底有几多烦恼，却取决于心境。换句话说，幸福是靠自己挖掘与感悟的，快乐的人走到哪儿都快乐，悲戚的人无论怎样都悲戚。而一颗健康的心灵，即使在糟糕的境地，也能组合出许多的幸福元素，让人充分体味当下的快乐。

——**这是一本将命运掌握在自己手里的书。**

给心灵松绑，让精神愉悦，绝不是打人生的退堂鼓。生命短暂而不可逆，有志者都希望能支配自己的命运，成为一个不断实现自我的行动者。然而，人生毕竟受诸多因素的影响，经常会发生难以预料的变迁，所以古来又有天命的概念。对此，我们应该怎样面对？

其实不管有无天命，任何人却都有天然的使命，否则就不会来到这个世界。机会永远赋予每个人，至于能否抓住机会，取决于主观上的能动。而人生进取是多维度的，可以向外改造社会，也可以向内锤炼自身。若说前者需要外部机缘，后者则完全取决于内心。无论何时何地，谁都有开掘自身潜能的宽广空间。说到底，成功不是随机砸向人们的彩票；即使有天命，它也不过只安排了大框架，具体的生命内容仍由自己填空。正因如此，心灵就有了决定性意义。只要内心不放弃，善于因时调整和突破自我，谁都可让脚下的路变得开阔而自由，都能实现活着的快乐与尊严，并不断拓展富有特色的人生价值，让降临星球上的生命不虚此行。

心之基

XIN ZHI JI

“基，墙始也。”东汉许慎如此说。心之基，即立心之根本。

卷首诗题

耕　耘

农家本有耕耘乐，
丰歉缘人也看天。
稼穑此生休问果，
苦心磨尽自然甜。

许多人虽然衣食无虞，却活得很累。究其原因，不是身累，而是心累，是缺了平常心的精神之累。怀平常心，正是祛除内心的虚火，以更好地品味生活，嚼取其中的愉悦和内涵。

平常心

慧海禅师曾说自己的修道用功之法："饥来吃饭，困来即眠。"

这又有什么异于常人呢？因为多数人吃饭时，总想着杂事，却往往忽略了饭菜的滋味；等到上床睡觉，又满脑子翻来覆去，乃至夜不成寐。而对于慧海禅师，吃饭就是吃饭，睡觉就是睡觉，绝不无谓地劳心伤神。他认为，世人难以做到一心一用，大家在利害得失中“百种须索”、“千般计较”，只因丧失了应有的平常心。

慧海禅师讲的道理极其普通，甚至他的与众不同，也那般不起眼。但恰恰是这份寻常，展示了非凡的境界。人被功名利禄所驱使，往往过分刻意。而经过挖空心思的钻营，或许能够多得一些，可失去的是生命的本我，以致侵蚀了像吃饭、睡觉等最基本的自由。不仅如此，“多得”还常常成为“多失”的前因。多少人日夜费尽心机，到头来万事成空，竟不知一辈子忙了个啥。

“人生在世，只不过是过路的旅客。”意大利哲学家托马斯·阿奎那如此说。虽然是过路，人们却背着大包小包，渴望装入尽可能多的东西。然而，“想要”总大于“能要”，通常你越想得到一样东西，就越难以如愿。这好比手中的沙子，握得越紧，就撒落越多。于是，睿智的人便怀一颗平常心，将过度的欲念排解开来。生命毕竟有着无可逃脱的共同归宿，我们与其让行囊成为一堆辎重，不如轻装上路，更好地欣赏沿途的风景。

在现实生活中，人们总对幸福孜孜以求，通常又感叹幸福远隔重山。究竟是幸福太稀缺，还是我们人为地抬高了门槛？唐人有一首禅诗："终日寻春不见春，芒鞋踏破岭头云。归来偶把梅花嗅，春在枝头已十分。"意指佛性本在心里，可人们却四处寻找。同样，大家对幸福也往往骑牛找牛，甚至在名利场缘木求鱼。殊不知幸福是内心的感受，并非外物的堆积。"居陋巷，一箪食，一瓢饮"的颜回，就比诸多尸位素餐、浑浑噩噩的权贵活得充实而有乐趣。怀平常心，正是祛除内心的虚火，以更好地品味生活，嚼取其中的愉悦和内涵。

仿佛人生航行的压舱石，平常心的根本是知足。它对想要且已得到的，知道说"够了"，绝不过分贪求；对想要却得不到的，知道说"算了"，绝不一味强求。若如此，我们很快会发现：人生的路很宽广，某一条不通，可以换一条；人生的角色很多元，演不了主角，还可以演配角；人生的内容更是很丰富，做不到弯弓射月，还可以采菊东篱。以这样的心灵处世，做人就有了豁达的基点，将少掉庸人自扰的许多烦恼。

那么，怀平常心的人生是否不够积极？

探究这个问题，首先需围绕生命展开。可以说，生命是一段生老病死的历程。它的本身没有必然意义，但人是寻求意义的动物，须努力赋予其意义。因为对每个人来说，今生是唯一的一趟生命旅行，理当充分地感受快乐；而快乐又非终极目的，还需进一步创造社会价值。总之，既不能纯粹为了享乐而放弃生命的创造，也不能只求实现价值而忽视人生的幸福。

但许多人虽然衣食无虞，却活得很累。究其原因，不是身累，而是心累，是缺了平常心的精神之累。从一定程度讲，不少人是活给别人看的。为了赢得大家的认同与喝彩，我们做着场面上各类“应该做”或“不得不做”的事，却很少听内心的声音，去做“想做”或“喜欢做”的事。这往往使人生变得枯燥乏味，更难以留下独特的风采。

因此，何不以平和的心态走适合自己的路？大家在世间，“谁人背后无人说，哪个人前不说人”，难免会被指指点点。可再怎么说,终究说过算过,谁还有工夫一直关注?其实,你无需过分在意别人怎么看,因为他们根本就没有看。平常心的实质是自主心,是将注意力回归本我,不被众人的评头论足牵住鼻子。让自己轻松快乐,对社会也是一种价值。何况将心放平了,人们可以从容行事,愈加可展现个性化的人生奉献。

由此可见,平常心不是消极的姿态,不仅照样能奋发有为,而且不排斥竞争与冒险。当然,对人生际遇需顺其自然,讲求得之欣然、失之坦然、有之泰然、无之安然。这并非故作矫情,因为世界充满着不可预期,许多机会和时运是人支配不了的;何况“日中则昃,月满则亏”,凡事都有盛衰起伏的周期。怀平常心,能使我们“拿得起,放得下”——做事有拿得起的勇气,做人有放得下的情怀,从而省却无数不必要的纠结,还常常让人生旅途增添意外的惊喜。

正如慧海禅师的“饥来吃饭,困来即眠”,平常心看似平淡无奇,其实有着不寻常的品质。它使人脚踏平地、行于中道,既不轻飘飘地踌躇满志,又不神经质地患得患失。可以说,这是那些经历了风雨沧桑,终于卸下心灵上累赘的人，才会有的气场。所以平常心在，一切都将自在，人生自然少了阴霾，更多地呈现丽日普照、皓月当空的清朗。

一个人的胸怀和境界，从本质上取决于爱之所及的半径；一个人的最终成就，很大程度上由他关爱的受惠面和影响力来衡量。在人生的旅程中，若让他人多感知几分爱，便是存在的社会意义。

仁爱心

“老师，什么是仁？”春秋时期，有一位叫樊迟的学生问孔子。

回答这一问题，可以洋洋洒洒。但孔子没有滔滔不绝，他的口中仅仅吐出两个字：“爱人。”也许就在这一刻，铸定了“仁”与“爱”的某种因缘，它们自此联作一

体，成为出现频率极高的词汇。

“仁”，按字会意，即两个人在一起，很是亲密无间。“爱”的繁体中间有一“心”字，传递着发自内心的情感。总之，“仁爱”体现了对他人、对外物的友善与关切。如果说某一样东西，你给予的越多，自己拥有就越少；唯独仁爱，你给予的越多，自己拥有也越多。

人是自然人，又是社会人，仁爱心是拉近人与人距离的“黏合剂”。在我看来，仁是道德的积淀，内蕴着人格精神；爱是情感的流淌，闪烁着人性光芒。若说人人都含有动物的本能，仁爱心则去其残忍、贪婪的秉性，将人之所以为人的特质展示出来。一句话，仁爱为怀就是光大人性、拒绝兽性。

仁爱思想源远流长，可谓儒学的精髓，15000 多字的《论语》，“仁”便被提到 109 次。从“孝悌也者，其为仁之本与”，到“老吾老，以及人之老；幼吾幼，以及人之幼”，直至对禽兽也抱“恻隐之心”，儒家仁爱观具有由亲至疏的包容性。假如放眼整个人类文明，从老子的慈爱到墨子的兼爱，从基督教的博爱到佛教的慈悲，虽然旨义略为不同，其基本精神却相通。很显然，仁爱具有普适价值，堪称人类唯一不需要翻译的生命语言。

一个人若怀抱爱，他之于社会是一股暖意，同时给自己的内心也带来和顺。马丁·路德·金有句名言："仇恨不能驱逐仇恨，唯有爱可以。"释迦牟尼说得更早："恨不止恨，唯爱止恨。"人，是充满矛盾与纠结的动物，脱不开爱恨情仇。利益矛盾也许可用利益解决，但许多纠结并非出于物质，而只能通过心灵加以抚慰。此时，仁爱无疑是一剂灵药。

仁爱是社会的核心价值取向，像乐善好施、扶贫济困都是中华民族的传统美德。但不容回避，当今物质文明的发达，并没有带来精神文明的升华，拜金主义、功利主义反变本加厉。现在人们做事，往往先掂量是否划算，以致仁爱被视作赔本"买卖"，竟变得不合时宜。这种倾向的可怕，在于精神的沦丧，灵魂和良知都被放上了货架！而社会一旦失去仁爱心，必然人情冷漠、缺乏互信，其败坏的是整个社会生态，最终损伤的是每一个人。所以，仁爱是一种公德，是让人人受益的公共文明，它给社会也包括给自己一分心灵的关怀。

而每个人的心中本不缺爱的因子，只是仁爱用"买卖"的尺度考量时，许多人便怕吃亏，唯恐付出却没有回报。另一方面，仁爱又有了"作秀版"，行善只为了求名图利。这些都是仁爱的异化，甚至是对仁爱的算计与经营。真正的仁爱，发自人的本心，它不带前置条件和功利目的。只有在纯粹的给予中感到幸福，才是仁爱心的本色。

如何才有这样的内心？很显然，天下最无私的爱来自父母，或者在恋人、亲友之间也常有无偿的给予。但此种爱是"小爱"，主要限于血缘、亲缘的范围，仁爱心则有更宽的边界。不过，当一个人的幸福只停留在物质层面，他或许对别人的困苦有本能的同情，却很难在自家碗里分出一杯羹。因为物质拥有是排他的，多数人习惯于等价交换。

然而，当精神追求压倒了物质，人心将容纳博施济众的"大爱"。由于到了精神层面，仁爱不再是单向付出，它伴随真情的传递与交流，因而给人带来金钱和物质所无法比拟的快乐。不仅如此，"行大仁"更是人生价值的实现过程。比如，古今中外有许多人散尽家财，倾心慈善事业，极端的有清末武训，即便乞讨为生，还热衷于创办义塾。通过种种不计较私利的爱的奉献，无数人实现了对自我的超越。

心理学家弗兰克认为：只要有人可以关怀，人生就是有意义的。关怀便是仁爱的体现。可以说，一个人的胸怀和境界，从本质上取决于爱之所及的半径；一个人的最终成就，很大程度上由他关爱的受惠面和影响力来衡量。人类本就是爱的产物，世上也没有人能独立到不需要同类的友善。所以在人生的旅程中，若让他人多感知几分爱，便是存在的社会意义。

怀仁爱心，实质是推己及人，将别人当自我感同身受。儒家常说忠恕之道。何谓忠？“己欲立而立人，己欲达而达人。”凡自己希望或喜欢的，同样也给予别人。何谓恕？“己所不欲，勿施于人。”凡自己不想要的，切莫强加于人。这便是设身处地，它引发了人性中美好的一面，能使我们很自然地呈现仁慈、善良、悲悯的品质，更有一种给人方便、成人之美的情怀。

倡导仁爱，绝不是让大家做老好人，放弃是非曲直的原则。人应常带微笑，可不能没有钢牙。尤其在大非大恶面前，重拳也是仁爱，是“以霹雳手段，行菩萨心肠”。但仁爱心主导下的惩治，从来对事不对人。凡真心改过的，应给予谅解与宽恕，切莫置之死地而后快。

仁爱植根于传统文化，但传统的不见得古旧，不等于要抛入历史的故纸堆。当然，今日之仁爱，不是曾经那“君君、臣臣、父父、子子”条框中的仁爱，不是由封建宗法规范所设定的仁爱，而是现代公民在彼此尊重人格、权利基础上的仁爱，是一个“大写”的人所展示的高尚品性。无论到哪个时代，爱都是世上最伟大的力量。而且当人们越进入精神的更高层次，甚至越临近生命的终点，就会愈加领悟仁爱的内涵，愈加体会到它带给内心的充实与无悔。

感恩绝不仅仅是道义上的考量，它更是一门处世哲学。生命中的一切存在都是机缘。感恩的本质，是对机缘的体悟，是充分挖掘潜在幸福的人生态度。

感恩心

“投我以桃，报之以李”，“滴水之恩，涌泉相报”。这些话语耳熟能详，生动刻画了人们的一颗感恩心。

感恩是方方面面的。我们来到世上，都应感恩父母的生养；求知解惑，都应感恩师长的教诲。对所有人而言，不管出身再卑微，生活再贫困，从第一声啼哭以来，都离不开各种照料与帮助，也必定有值得感恩的人。以至我们所沐浴的阳光、呼吸的空气、领略的山水，又何尝不是一种恩赐？

提起感恩，大家自然会想到美国的感恩节。那是最初一批乘坐“五月花”号抵达美洲的清教徒，为感谢上帝赐予的收成所创设。他们的多半数已死于饥荒，终于在印第安人的帮助下，凭借新一年的庄稼丰收而逃脱了死亡。

法国思想家卢梭说：“没有感恩就没有真正的美德。”人是赤条条来的，却不可能凭借自己赤条条地活。我们能走到今天这一步，都是生命的造化，不可缺了外力的成全。如果说羊有跪乳之恩，鸦有反哺之义，感恩也是人的本性和良知。

但对恩情的淡漠与遗忘，在现实中却不少见。更有甚者，还恩将仇报、过河拆桥。这显然是小人之举，而小人往往只重眼前，故用不着的桥便一拆了之。可生活中的桥，人们并非只走一回。拆过河的桥，好比断返回的路。于是，小人大多赚小便宜，最终吃鼠目寸光的亏。进一步说，忘恩意味着负义，让人背道德的债务，还长期受舆论和良心的谴责。

不过，感恩绝不仅仅是道义上的考量，它更是一门处世哲学。在人生的旅程中，我们经常会将事情看成理所当然，把顺利、平安也视作必然。殊不知任何事都非天经地义，即使最普通的东西，一旦失去了，想再获得便难上加难。所以感恩的前提是感知，就像品茶知醇，能从中咀嚼出生活的甜味。而且感恩不光指向好事、乐事、美事，平平淡淡的日子也值得珍惜，它至少让我们有一种无须纠心的坦然。

人活在世上，“不如意事常八九，可与语人无二三”。心怀感恩，贵在从不如意中给自己找到小满足。比如，我们或许没有太多财富，但至少衣食无忧；或许没有得到升迁，但至少工作稳定。再比如，你或许不拥有美貌，却拥有聪明；或许不拥有聪明，却拥有健康；或许连健康都不再拥有，但至少还活在世上，仍可以读一些喜欢的文字，听一首赏心的乐曲……如此一想，我们就会对当前多一分实实在在的感恩。

可见，感恩不依赖于生活的优越和富足，不只因为好运的降临才烧香礼拜。事实上，它是充分挖掘潜在幸福的人生态度。美国前总统富兰克林·罗斯福据说曾遭盗窃,朋友闻讯后写信安慰。谁知罗斯福的回函却写道:“亲爱的朋友,谢谢你的来信,我现在很平安,感谢上帝!因为第一,贼偷去的是我的东西,而没有伤害我的生命;第二,贼只偷去我部分东西,而不是全部;第三,最值得庆幸的是,做贼的是他,而不是我。”

当厄运来临时,罗斯福居然找出三条感恩的理由。这不是自欺欺人,而是运用了底线思维。毫无疑问,人都难免遇到一些不希望发生的事,倘若设想还可能出现的最坏情况,心理就容易平衡。因为与最坏的底线相比,眼下反而值得庆幸,毕竟更坏的结果并没有到来。换句话说,虽然面对厄运,却也成功地躲过了大劫。

逆境似乎是灰暗的,但逆境中的经历恰恰是巨额的人生资本,往往能变成明天的宝贵财富。许多人在成功后回首当年,会不由地感恩那些磕磕碰碰,因为它使自己真正变得成熟。对有韧劲的人来说,逆境也是老天爷的恩赐,只是它伪装成一副冷酷的面孔,让人在磨难中补上一段厚重的心路历程。

感恩通常给予关心和帮助自己的亲朋好友，但有一类人其实不该排除，那就是对手。“飞鸟尽，良弓藏；狡兔亡，走狗烹”。对手往往相克相依，许多时候正是对手的存在，才有了你的存在。而且人具有惰性，也恰恰由于对手，使我们不得不打足精神。纵观历史，英雄总需要伟大的对手。若没有西楚霸王项羽，刘邦登基也许只是平淡的故事。因此，对手也有几分像玩跷跷板的伙伴，感恩对手就是感谢抗衡。他们让自己多了压迫感，从而不敢懈怠，只能拧紧生命的发条，不断倒逼自我的突破。

可以说，生命中的一切存在都是机缘。感恩的本质，是对机缘的体悟。当我们能更多地感受来自他人的关怀，自然也富有爱心。当我们真切地感知享有的恩惠，势必更加知足。特别是当种种的不如意包括厄运、对手都被转化成正向作用，那我们还有多少沮丧的空间？

感恩之于别人，终究又回归自己。正如英国作家萨克雷所说：“生活就是一面镜子，你笑，它也笑；你哭，它也哭。”从某种角度讲，感恩是对不幸、曲折和委屈的健忘，它把关注焦点放在当下的拥有和外界的各种积极因素上。怀感恩心，不光是懂得投桃报李，还让我们善于体会并牢牢抓住那属于自己的福分，使人生少一点郁闷，更多一点温暖、光亮和面向未来的开怀。

包容就是包得住、容得下。每一次包容,仿佛都在磨炼心灵,是对自身胸怀和境界的正向倒逼。渐渐地,包容成了习惯,内化为人的品质。

包容心

人们通常讲:“量小非君子,无毒不丈夫。”其实,原本是“无度不丈夫”。度即度量,指宽容的气度。顶天立地的大丈夫无需狠毒,却需度量,务必怀有开阔的包容心。

何为包容?包容就是共存。有这样一则故事:某人得到一颗美丽的大珍珠，可惜带了小斑点。为剔除瑕疵，他削去了珍珠的表层，可斑点仍在里边。等削到最后，斑点总算消除了，大珍珠却成了小不点。

此类现象在生活中比比皆是。常言“金无足赤，人无完人”，世上没有百分之百的纯粹。当我们选择了正面，就只能接纳反面的共存。说直白一些，包容就是包得住、容得下。许多事情只要包住了，便不是问题；只要容下了，即变得简单——有“容”则“易”，故称“容易”。

既然讲共存，就有喜不喜欢之分。包容心的实质，是允许不喜欢的东西存在。“我不同意你的看法，但誓死捍卫你说话的权利。”这便是思想领域的包容。当代社会是多元的，真理也恰恰在辩论中得以彰显。捍卫别人说话，包括说自己不爱听的话，才体现大气与自信。

事实上，异见、杂音并不可怕，可怕的是心中那堵将这一切挡在门外的墙。可墙不管多么厚实，只能挡住自己的视线和听觉，却难以真正清除异质思维。至于被挡在墙外的是谬误还是真理，经常连本人都分不清。但是,阻隔却往往使自己成了井底之蛙。

人心中横亘的墙,是缺乏包容所导致的封闭。它不光源于思想的交锋,更多地起因于形形色色的利益纠缠与人际恩怨。墙虽然挡住了别人,但也困住了自己。而“泰山不让土壤,故能成其大”,心怀包容,正是要推倒这一堵堵无形之墙。世间毕竟没有多少不共戴天的人,也没有多少不可饶恕的事。

纳尔逊·曼德拉就有一颗包容心。1994 年当选南非总统之际,他邀请曾关押自己的狱警参加就职仪式。想到过去多予侮辱、虐待,几位老伙计诚惶诚恐。谁知曼德拉说:“我年轻时性子急、脾气暴,在狱中,由于狱警们的帮助,才学会了控制情绪。”

或许有人怀疑这是政治家的“作秀”,但反过来讲,假如曼德拉心里只装着仇恨,那 27 年的监狱生活对他仅仅是一个毫无意义的“伤疤”。曼德拉说:“在走出监狱大门那一刻,我已经清楚,如果自己不能把悲伤和怨恨留在身后,那么我其实仍在狱中。”曼德拉是睿智的,他没有被仇恨吞噬。在掌握了国家最高权力后,他更是实行民族和解,而不是泄私愤式的复仇清算。以包容化解敌对，曼德拉成就了他的伟大。

做人有两样东西不可不吃：一是吃苦，二是吃亏。懂得包容的人，不是未经受苦难和亏待，他只是将“苦”与“亏”给消化了。可以说，这是一种涵养，也是一种能耐。正如河蚌体内嵌入沙子，为了止痛疗伤，便不断用分泌物将之包容，最终竟呈现了一颗晶莹的珍珠。同样，“苦”与“亏”的口感纵然不好，却是“舌尖上的人生”不可避免的滋味。那么与其埋怨，不如埋头，将吃苦、吃亏当作修行。而对这些遭遇的每一次包容，仿佛都在磨炼心灵，是对自身胸怀和境界的正向倒逼。渐渐地，包容成了习惯，内化为人的品质。就像蚌中珍珠，许多人经过曲折换来凤凰涅槃，正是在包容中炼就有别于常人的恢宏气度。

包容不是皱着眉头容忍，而是平心静气的宽容。世上凡真实存在的东西，都是不完美的，除非转入虚拟空间。心怀包容，是对这一结论的清醒认知。因为无论怎么取舍，都不可能拥有彻底的好，高明的人便善于选择性失忆、失明。“水至清则无鱼，人至察则无徒。”对一些无伤大雅、无关紧要的部分，有时“难得糊涂”一点,即蕴含着包容的智慧。

包容还有感化的效应。古时有位禅师,某晚见墙角放了一张椅子,便将它移开,自己就地而蹲。不久,一小和尚翻墙,黑暗中踩着禅师的后背。待双脚着地,才发现自己的师父,顿时惊慌失措。禅师会是怎样的反应?只听他说:“夜深天凉,快去多穿一件衣服。”在这里,禅师没有半句呵责,但包容带给小和尚的心灵触动,力道远胜过雷霆万钧。

怀包容心,不是与共存的对方合流,更不是接纳一切的存在。包容也有底线,讲求“包”的边界与“容”的限度。尤其对蛮横之辈、妄为之举,就不可听之任之,无原则地忍让、迁就。总之,所包之事不能是包不住的“火”,所容之人不该是容不下的“魔”,否则即成了纵容,将害人害己、过犹未及。

弘一法师说:“人之谤我也,与其能辩,不如能容。人之侮我也,与其能防,不如能化。”心怀包容,从根本上是让自己得益。人生苦短,若锱铢必较,总陷于忿然、郁闷,那是自寻不幸。而将心放大一点,在换位思考中懂得包容,其实丝毫没有失去什么——失去的只有仇怨与烦恼,却没有其他任何有价值的东西。相反,我们的心态随之变得平和,心胸也变得宽广,从而更多地感到坦荡荡的快乐。

责任无小事，担责是本事。难以想象，现实中存在一个毫无责任、义务的人，要么说明他没有存在的必要。人生的价值，取决于自身承担的责任。

责任心

二战时期，英国受训的特工得到指令：假如被俘，必须保持 48 小时的沉默，以便同伴有时间逃脱。这 48 小时是底线约定，沉默正是对同伴的责任。

责任，即分内应做之事。分内的边界究竟有多大？每个人都有不同的尺度，有的基于法律规定，有

的依据市场契约，有的出乎道德良心。责任心越强，人们会把更多的义务揽在身上，肩上挑起的担子也将格外沉重。

此类担子是无形的，但任何人都无一例外拥有。它也许是天然的义务，就像父母有责任养育儿女，儿女有责任赡养父母；它也许是人与人之间的托付，如春秋年间赵氏托孤，程婴、公孙杵臼为保忠良一线血脉，作出了极大的自我牺牲；它也许是职业岗位的规矩，好比在航海界，船长理应最后一个弃船。可以说，人们在世上有多少个角色，便有相应的多少种责任。

不仅如此，责任还体现为社会使命。明末清初顾炎武的“天下兴亡，匹夫有责”，激荡起无数人位卑不忘忧国的情怀。尤其是鲁迅先生所指“中国的脊梁”，那些埋头苦干、拼命硬干、为民请命、舍身求法的人，之所以“掩不住他们的光耀”，说千道万，只因一颗舍我其谁、勇砥中流的责任心。

在现代社会，公民责任具有最广泛的存在性。每个人都依法享有公民权利，每一项权利都对应着公民责任。如果说天下没有免费的酒宴，自然也没有不承担责任的权利。不过，正因人人皆有，公民责任反容易缺位。如此引发的严重后果，被新教牧师马丁·尼莫拉写成了一首短诗：

在德国，起初他们追杀共产主义者，我没有说话——因为我不是共产主义者；接着他们追杀犹太人，我没有说话——因为我不是犹太人；后来他们追杀工会成员，我没有说话——因为我不是工会成员；此后他们追杀天主教徒，我没有说话，因为我是新教教徒；最后他们奔我而来，却再也没有人站起来为我说话了。

诗被刻在美国波士顿的犹太人屠杀纪念碑上。从起初到最后，“我”都没有说话。也许对被追杀者，“我”曾带有几分同情，但仍然充当了一个无声的旁观者，可这样的沉默却是不负责任。于是，等到“再也没有人站起来”的时候，“我”同样也成了沉默的牺牲品。

20 世纪上半叶的情形，是否会在 21 世纪的今天复制？

不容回避，当今社会无论从环境污染、食品安全，还是学术造假、司法不公等问题上，都暴露出比较普遍的责任缺失。究其原因，则与“搭便车”心理相关——反正不缺我一个。但是，假如大家面对责任都后退半步，不去履行基本的职业操守，甚至打心底不尊重法律规定，那谁还会“不合时宜”地尽责？

可以想见，当责任缺失突破了某个阈值，整个社会就容易陷入无序状态。逃避自己的公民责任，往往成为人们的习惯，成为明哲保身的共同选择。当然，这不可能带来“胜利大逃亡”，它最终导致人人都是受害者的大结局。

世上没有不可或缺的人，但只要生而为人，就有了不可推卸的责任。援引美国前总统罗纳德·里根的名言：“假如我们不做，谁来做？假如现在不做，何时做？”在责任面前是否迈前一步，不取决于能力，而在于那一点品质。只有人人从自我做起，从当下做起，全社会才有一环扣一环的责任链条，不至于沦为道德海洋里的“泰坦尼克”。

责任其实出自人的良知，它体现在日常的点点滴滴。就像上班面对客户微笑，生产讲求真材实料，出行不随地丢一堆垃圾，执法能依照心中的公平正义……这些看似普通，却都印着“责任”两个大字。责任无小事，担责是本事。当越来越多人对一言一行负责，将自己的分内之事做好，整个社会就多了互信，人们也将生活得更加省心。

责任无疑是负担，但正如梁启超所说，“人生须知负责任的苦处，才能知道尽责任的乐趣”。任何人在世上都不可能孤立生存，相互依靠必然要求相互负责。难以想象，现实中存在一个毫无责任、义务的人，这只能说明他没有存在的必要。人生的价值，取决于自身承担的责任。了无牵挂、无责可担是极大的悲哀，而能够扛起别人的期望则是一种快乐。即使最懒惰的人，也想证明自己有用，而担责就是他在社会的用场。

责任心从根本上是面向自己的。假如一个人对自己都不负责，怎么可能对别人负责？自我担当是对其他人担当的前提，也是对社会担当的基石。一切的负责，首先源于对自己的人格、尊严和行为负责。因此，唤醒对自我的责任，也会随之激活对社会的责任心，从而更可感知自己存在的重要，通过极大地发掘体内潜能，努力实现自身价值与社会价值的统一，充分体现生命的意义。

我们与其为结果的差异而心态失衡，不如沉下身子，对结果到来之前的过程负责，对自己的付出和耕耘负责。收获与付出终究有着内在的联系。

平衡心

平衡是物体或系统的一种状态。说到平衡，我的眼前时常会浮现一架天平，左右托盘恰好停留在一条水平线上。

将平衡的概念应用于人的心理，源头恐怕在中国。这与几千年来阴阳对立统一的文化基因紧密关联。

“祸兮福之所倚，福兮祸之所伏。”老子的千古名言，揭示了祸福相依相生的关系。假如真正领悟这个道理，人们自然拥有一颗平衡心。

但是，平衡并非一件容易事。每个人对生活都有期望，现实与期望又总有距离，尤其是看到别人日子好过，多占了便宜，就很为自己“打抱不平”。现代医学认为，心理失衡将导致许多疾病。正如《黄帝内经》所言：“百病生于气也。怒则气上，喜则气缓，悲则气结，惊则气乱，劳则气耗。”诸多的“气”，表明医病先医心。而心理平衡是心态健康的基础，它通过自我调节，好比对不良情绪来一个釜底抽薪，让人更好地面对生活。

探究心理失衡的根源，主要在于自己的参照系。人是群体性动物，难免会相互比较。假如都往好处、高处比，情绪就容易低落。而好与坏、高与低是相对的，好的有更好，坏的也有更坏。半杯水与满杯相比，只剩下一半；与空杯相比，则还有半杯。事实没有丝毫改变，但人们的内心感受却完全不同。

俄国作家契诃夫说：“要是你的手指扎了一根刺，那应该高兴，挺好！多亏这根刺不是扎在眼睛里。”在这里,他运用了反向心理调节。对遭遇困难和厄运的人,此招尤为管用。毕竟好与坏在一念之间,就看如何面对。当读了海伦·凯勒的《假如给我三天光明》,那么视觉正常的人,能见到日月星辰、山水风光、亲人朋友,不都是一种福气?

心理是由自己平衡的。只要善于调整期望,不苛求生活中的完美,即使目前的境况欠理想,可相比更不好的情形,现今又是相对的好。而对生活作无谓的抱怨,除了平添烦闷之外,实在没有意义,还不如从中多感知一些苦中带甜,这才是善待自己的智慧。

拥有一颗平衡心,关键是明了得失之间的相辅相成。世上没有不要本钱的买卖,想获取什么,首先应该付出点什么。享受与承受,从来是一枚硬币的两面。所以不要嫉妒别人的风光,他们也是以代价换来的,在其背后同样有着艰辛与苦痛。我们没有达到别人的高度,虽有机遇成分,但更多地也许是对自己太过迁就、纵容,以致在别人爬坡的当儿无所事事。

凡事先有因、后有果。我们与其为结果的差异而沮丧,不如沉下身子,对结果到来之前的过程负责,对

自己的付出和耕耘负责。收获与付出终究有着内在的联系。只有自己先负起责任，才可能等到对你“负责”的结果。体会了这一点，大家就不易患得患失，更能做一个心态平衡的明白人。

当然，现实不一定公平，并非所有的付出都有对等回报，甚至一场耕耘却颗粒无收。在此时，保持平衡心更显重要。佛家讲求随缘，“有缘即住无缘去，一任清风送白云”。倘若命运不可改变，我们不妨改变对待命运的态度。无论谁都不可能始终顺风顺水，所以做事不可太勉强，需因时因地而易。就像根据天气的冷暖变化，相应地增减衣裳，可谓是一种动态平衡。

曾读一则禅事：寺院烧开水时发现柴不够，师父问弟子怎么办。大家各执一词，要么上山捡柴，要么花钱买柴，要么就近借柴，但无一不在柴上做加法。师父最后说，“为何不将壶里的水倒掉一些？”是啊，人生有时就缺这么一问。大家平日总习惯于做加法，却忽略了做减法。而善于做减法，正是平衡心的内核。

做减法，是在心灵上给自己松绑，丢开那些苦求不得的东西，放下徒使心态失衡的包袱。当行路陷入某一个死角,也许后退一步,便能让视野开阔;当成事的机缘未到,也许随遇而安,反等来了新的机会。许多人通过心理的调整、重建,经常由于放弃一棵树木,最终赢得了一整片森林。

平衡心不是逆来顺受之心,绝非传导自贱、自慰的阿 Q 精神。让心态平衡,目的是不在已发生的事上空耗时间。过去了的,就让它过去,沉溺其中是跟自己过不去。苏东坡一生坎坷,晚年曾作词:“问汝平生功业,黄州、惠州、儋州。”黄州、惠州、儋州是苏东坡三次被贬之地,为何却成了功业之州?

这得益于他非同寻常的平衡心。正是在人生低谷中,苏东坡躬耕自养、诗文自娱,展现了进退自如、怡然自乐的胸襟。政治失意、生活困顿的谪居生涯,使他彻底地寂寞了!这一份寂寞曾屡屡葬送有才情的人,但对于东坡居士,反倒逼出艺术才情的升华。可见,心态平衡不等于听天由命。苏东坡没有自怨自艾,他在孤寂、落寞中扎下根来,继而展开独特价值的创造,并发掘出常人难及的快意人生。

逆境中的苏东坡是幸运的。只因有了平衡心,逆境反成了时运，造就了他的卓越。其实，当人们陷于困顿之时，看似极度的不幸，却往往是人生转轨、命运转机的前夜。平衡心所建构起的，正是从头再来的心灵空间。一个平衡的心态，加上永不言弃的追求，这样的人会在潮起潮落中宠辱不惊，将面对风雨霜雪，格外坦然地留下自己的足迹……

心之行

XIN ZHI XING

按《广雅》所释，“行，往也”。一颗行走的心灵，本应如何律动？

卷首诗题

行　路

人生行路莫匆匆，
万里风尘意从容。
迈步而今身致远，
全凭脚力辨雌雄。

自信的本钱是相对的。对只能躺着的，能站立就是本钱；对坐轮椅的，拄拐杖行走也是本钱。自信心的门槛并不需要太高，其实在优胜劣汰的世界里，存在就意味着成功。

自信心

《世说新语》有一篇记载，魏王曹操将见匈奴使者，因自嫌相貌丑陋，不足以震服外邦，便让美男子崔琰替代，自己“捉刀立床头”。

戏到底演得怎样呢？事后，匈奴使者评价道：“魏王雅望非常，然床头捉刀人，此乃英雄也。”不能不钦佩使者的眼光。若论外形体貌,曹操明显比崔琰差几个档次。可英雄毕竟是英雄,估计是“捉刀人”眉宇间的非凡气度,让使者大为叹服。那么,这一气场又源于何处?想必是曹操骨子里透出的自信。

自信心绝非英雄专属,即使是普通人,也完全可以有自己的底气。每个人来到世上,都是生命角逐的赢家。试看当初游向母亲子宫的,是数亿个摆着小尾巴的精子。在熙熙攘攘之中,仅有极少数进入输卵管。待抵达目的地,残酷的较量才刚刚开始,原来卵子通常只有一个。可见,最终受孕的精子是亿万对手之间的夺魁者。如此想来,任何人都足以自豪。

伴随第一声啼哭,人人都作为父母的产品降世。但在此后的一生中,从本质上讲,每个人终究是自己的产品。因为我们是星球上独一无二的存在,谁都不可能被完全取代。自信是对自身品质的相信——相信自己的力量,相信自己的选择,相信自己的未来。

相信自己是很重要的。一般来说,只有自信,才有“他信”。一个人如果怀疑自己,在精神上就先败下阵来,又怎能指望他人相信?从某种角度讲,自信是

“一”,其他的能力、素质是“一”之后的“〇”。“〇”再多,缺了“一”,就缺了内在的支撑,那些“〇”就成了一堆泡沫。因此,摧毁一个人的斗志,首先是打垮他的自信;捍卫一个人的意志,关键也是守住他的自信。

自信是人在内心深处对自我价值的确认。当这一信念充满体内时,就好比开启了一个人能量的阀门。大家在做事尤其是做难事时,若坚信“我能”,通常真的“能”。一旦临事而惧,老担心“不能”,结果也大多“不能”。可以说,自信是撬动成功的杠杆支点,能充分调动人们的精气神。困难总欺软怕硬,我们咬牙进了一步,许多障碍和问题便迎刃而解。

然而,真要拥有自信心,并不那么容易。崔琰对父母给的相貌想必自信,可要扮演魏王,光靠模样还不够。何况在真魏王的眼皮底下,难免会有些心虚。也许正是某一点不自信,让玉树临风的崔琰虽“雅望非常”,却与气宇轩昂的“捉刀人”形成了反差。

自信需要实力说话,许多人于是感到缺乏本钱。但天下众生,尺有所短,寸有所长。纵然像曹操这样的牛人,也曾自惭形秽,以致想出了假冒的馊主意。反之，再普通不过的人，虽然有太多的毛病，可照样在某些方面会有相对的比较优势。所以，既不要让他人的光环照晕，又不要被自己的劣势吓倒，因为这些都只是一个侧面。找到自己的闪光点，强化最擅长、最有把握的那部分，就能找到自信的立足点。退一步说，即使各方面平平，但瞄准某一项不足，坚信能够改进，也是一种自信。

《法华经》有则故事：一贫者走访富家亲戚，受到热情款待，不知不觉为美酒所醉。亲戚有事外出，见他睡得正香，临行前就在其衣中缝了不少珍宝。可惜那老兄并不知晓，仍过着漂泊穷苦的日子。同样道理，每个人都有无限的潜在禀赋，好比蕴着一个不为己知的宝藏，自信是最好的挖掘机。只要勇于并善于自信，就不难发现自己不可低估的能量。

自信离不开实力依托，可自信的本钱是相对的。对只能躺着的，能站立就是本钱；对坐轮椅的，柱拐杖行走也是本钱。自信心的门槛并不需要太高，其实在优胜劣汰的世界里，存在就意味着成功。每个人从出生到成长，就像淌过一条条河流才走到今天。从某种角度讲，任何人都是一定层面的强者。

诚然，人与人的差异很大，但人的差异性也决定了道路选择的多样性。对世上的人来说，无论大材、小材都“天生我材必有用”，都可以有适宜立身的位置，有一个能够驰骋的疆域。我们不妨在力所能及的空间，多给自己鼓一点劲，更拿出一些舍我其谁的勇气。

自信不是关起门来的自我感觉，在现实中常需承受他人的质疑。爱因斯坦的广义相对论问世不久，便引来众口抨击，挞伐文章还被编成《百人驳相对论》。可爱因斯坦说：“假如我的理论是错的，一个人反驳就够了，一百个‘○’加起来还是‘○’。”

事实上，任何人都会被打问号，有被轻视、贬低或讥讽的时候，自信不可缺坚强的神经。尤其是身陷困局，就更不能自乱阵脚，因为动摇了自信，常常有一泻千里的骨牌效应。而自信心在，我们就留有日后扳盘的精神支柱。许多事即使今天不行，也许总有一天能行起来。

自信与自负看似一纸之隔，却有着本质的区别。自负缺乏自知之明，往往狂妄、浮夸，故遇到波折，极易一蹶不振，甚至由自大变作自卑。自信了解自己的长短，看得起自己，也看得起别人，可谓恰如其分的自我肯定。正因如此，自信就比自负多了主心骨，既能低调地接受喝彩，也能冷静地承受波折。这是一种不同凡响又脚踏实地的品质，从而使人坚持认定的取向和步点，真正地成为自己的主宰，让生命的势能得到最大限度的发挥。

进取的意义在超越——不是为了超越别人,而是为了超越自己,让将来的我好于现在。其实,只要不停顿地超越着,哪怕步子再小,没有令人炫目的名利,也仍然是进取的成功,是给自己一个负责任的交代。

进取心

"天行健,君子以自强不息。"《周易》乾卦的爻辞,通过赞美天道,倡导一种不懈进取的人格精神。毫无疑问,一个人乃至一个民族、一个时代,都是由进取心来推动前行的脚步。

进取的源头是不安于现状。陈胜年轻的时候,在田间喟叹“燕雀安知鸿鹄之志”，就因为他比一起干活的伙计，多了一颗不甘贫贱的心灵。而机会总为有准备的人降临。大泽乡的一场暴雨，让陈胜因祸得运，成就了一段改变历史的传奇。

可以肯定，秦朝的征戍兵丁不计其数，延误行期的也千千万万，为何偏偏轮到陈胜揭竿为旗？答案很简单，他是一个很不“安分”的人。而不满足是人之常情，所以无论谁的内心，或多或少都有进取的因子。只是由于志向不同，人生的选择也大为不同。

有一则故事，某人问建筑工地的三位工人在干啥。甲回答：“我在砌一堵墙。”乙回答：“我在盖一幢楼。”丙回答：“我在建一座城。”许多年后，甲仍然是工人，乙成了建筑商，丙成了城市管理者。这或许有杜撰的成分，但逻辑上存在合理性。一个人有怎样的愿景，就有怎样的选择，最终也注定了怎样的人生。

人是由目标引导的，没有进取心，就意味着原地踏步。但逆水行舟、不进则退，若不向前，没人会在老地方等你，所以停步即退步。一个不思进取的人，落后是他永远的约会对象。不想让自己变得更好，那就慢慢地变糟，这几乎是一条硬道理。

在当今社会，进取心是不欠缺的，大家像参加奥林匹克竞技，都渴望着“更快、更高、更强”。事实上，普遍的毛病是急于求成，都希望凭三五天突击，完成一次崭新的突破。但人生毕竟不是短途奔袭，急躁是进取心的大忌。它或许使人热闹一阵、红火一时，却难有可持续的能量，留不下经得起岁月磨损的东西。

人类的哲理在自然界也得到印证。非洲的原野上有种尖茅草，半年只长一寸，可当进入雨季，迅即便窜出一两米，成为“草中之王”。原来，它的前半年一直往下生长，根系竟深约 30 米，这为雨水的降临做了充分准备。从尖茅草的身上，我们不难体悟“先埋头再出头，先用功后成功”的法则。进取不靠一时搏杀，更不应拔苗助长，真正的有为者善于蓄势待发、厚积薄发。而某一阶段的蛰伏则不可少，仿佛是给自己充电，以攒下进取的本钱，为走长路积蓄脚力。

进取将留下前行的足迹，但这串脚印不可能笔直。成功如苹果公司创始人乔布斯，也曾遭遇生意惨败和董事会的解聘。这说明，摔跤是进取者的家常便饭，甚至是成功者的必修课。多年之后的乔布斯，在回顾早先经历时说："被苹果公司炒鱿鱼，是我一生中碰到的最好的事情。"对于咬牙坚持的人，曾经的当头一棒，往往使我们变得更棒。

毋庸回避，相当多人的进取心单纯与功利挂钩，大家越来越重实利、实惠、实用，满脑子不离票子、房子和位子。但纯功利的进取，不可能令贪欲满足，且容易走入死胡同。长此以往，不仅让人失去精神自由，还使进取成为一场心灵疲惫的赶路，并沦作患得患失的痛苦游戏。因此，进取的指向尤为重要。金钱、权位固然吸引人，一定层面上也是成功的标志，但它们不等于真正的价值。从本质上讲，最难也最可贵的是实现自我，它充分体现人生存在的社会意义。

立德、立功、立言，是中华儒家崇尚的"三不朽"。随着时代的变迁，虽然对特定内涵需作新的填充，但其精髓在当下仍有生命力。"三不朽"排斥了物欲型的功利主义，是对现实中"小我"的超越，目的是赋予个体生命以永恒的价值。围绕这样的维度，人们既追求外在的功业，也追求内在的修为。如果说前者不免受机遇、条件的限制，后者主要由自己掌握。任何人至少拥有向内拓展的无限可能，有对自我进行不懈改造的空间。这避免了独木桥式的进取之路，也使个人的奋进更多导向自我完善。

进取心以“进”当头，却不能以“取”为本。若大家总想着“取”，光将眼睛盯住结果，那么做事尚未开始，求成的烦恼已在心底。因此，关键是先把事做好，尽可能地利用、发掘自己的禀赋，一步步尽力而为。至于今后有怎样的造化，能得到什么收成，则不必苛求，也无法强求。然而，当我们真正把握好全过程，做到了每一环的卓越，又怎会有差的结果？

进取当然很难保证成功，有时还摔得遍体鳞伤，甚至一辈子难以翻身。故在进取的途中，务必豁达地对待成败。成败就看如何衡量，好比跳高比赛，随着横杆的攀升，即使冠军也有跃不过的时刻。人生亦如此，谁都有力不从心的一天，可进取的意义在超越——不是为了超越别人，而是为了超越自己，让将来的我好于现在。其实，只要不停顿地超越着，哪怕步子再小，没有令人炫目的名利，也仍然是进取的成功，是给自己一个负责任的交代。

作为超越自我的持久渴望，进取心是无止境的。许多人志在巅峰，就为了感受“一览众山小”的快意。但是，险峰并非人人可以登顶，或者因山势陡峭，或者因体力不支，或者因风云突变，攀登者经常难再迈步。在这样的时候，我们何妨暂且停留，换一种心态，更好地欣赏攀登途中的风光？人生如同登山，本来就是一场体验，不见得一定冲着高度而来。纵然最后只爬到半坡，假如我们比众人都多一些深切的山间记忆，能够阐释不同寻常的登临感悟，并且留下了自己的独特印迹和愉悦心情，那也是对生命价值的实现，不同样具有非凡的意义？

也许世上最远的距离，不在天涯海角，却在知行之间。人生在本质上是一场践行。有一颗知行心，便拒绝做只尚空谈却无所事事的局外人。

知行心

2004 年夏天，有全球第一 CEO 之称的杰克·韦尔奇来北京参加企业高峰论坛，经过一番交流，希望从他身上获取秘诀的一些商界精英失望了。有人问："我们知道的差不多，为何与你的差距这么大？"

"你知道了，但我做到了。"韦尔奇微笑着回答。这一幕，让我不由地想起王阳明“知行合一”的著名论断。知与行分属两个世界，之所以强调“合一”，是因为难在“合一”，难在将“知道”与“做到”画上等号。

不过，韦尔奇做到了这一点，他有一颗真正的知行心。相反，那些自称“知道的差不多”的人，却在行动上差多了。阳明先生认为，“与行相分离的知，不是真知”。有的人纵然“读万卷书”，若不知消化、不会转化，不配合以“行万里路”，那往往是一条只会寻章摘句的“书虫”，是在实践层面几乎可忽略不计的隐身人。

知行心是知而行之、知行并进的心灵。它立足于知，着力于行，化头脑里的知识为行动时的本领，变明白了的事理为实实在在的事业。任何一件事都需要动手才能实现，相比我们在想些什么、知道些什么，做了什么、留下了什么才更重要，它真正体现一个人存在的社会价值。

“非知之艰，行之惟艰。”也许世上最远的距离，不在天涯海角，却在知行之间。人与人的巨大差别，也具体地反映在每一个当下的行为之中。对任何人来说，想一件事与做一件事不同，前者单凭理性认知，后者还需实际操作，这就难免遇到各种各样的障碍。

而只说不做的飘浮习气，在我们的历朝历代都大有市场。有这样一批人，或者被称作“清流”，或者被骂作“腐儒”，他们知晓无数道理，所以调子总是很高。另一方面，却拒绝做事，不参与看得见、摸得着的事务。正由于“懂事”又不做事，他们就有指手画脚的优越性，平时习惯于冷嘲热讽，在一旁充当坐而论道的“高人”。

整个社会若充斥太多这样的人，那就有大问题。人生在本质上是一场践行，社会进步归根到底靠知行并进的人推动。一个人光喊口号是没用的，甚至还起负作用。有一颗知行心，便拒绝做只尚空谈却无所事事的局外人。就好比在江面上行船，当确定了朝向，划桨就是前行的动力。即使划桨的姿势、手法值得推敲，这些也应当在划桨中改进，在躬身入局后不断完善，切不可吹毛求疵，干脆扔掉船桨，都跳到岸上袖手旁观、空发议论。

知而行之，不是高深的道理，可真去做却没那么容易。因为行动不能停留于口头，必须在事上磨炼，并为此付出精力和代价。而人终究有惰性，还多少存着怯懦的一面，于是对一些看似复杂、麻烦的事，虽然明白道理，却难下行动的决心。但万事开头难，当咬牙去做了，往往并没有原先预料的难。出路是走出来的路，所以在畏惧、犹豫之际，不妨先迈出一小步，也许紧接着就有了迈大步的勇气。

知行脱节所指向的，更多是寻常的小事。在许多人眼里，它们太简单了，做不做都没啥所谓，便干脆将之荒废。然而，大家频繁面对的原本就是小事，何况大事也无不由小事组成。怀知行心，首先是将小事做好。其实，做好某一件小事容易，做好每一件小事却很不容易。若将流水般的小事都做得漂亮，本身就体现了卓越。

行，目的是为了成事，故不能盲目而行，应讲求做事的切入点。时机未到，就需蓄力而行、量力而行，切忌鲁莽地一行了之。因此，“行”并非狭隘的行动，行动前的必要准备是“行”，在特定时段的静观也是“行”。知行心的关键，是一股干事的劲头。只要看准了，就扑下身子、一以贯之去做。可以说，任何大事、难事都是这样办成的。

知与行容易“两张皮”，还源于人的本位主义。任何人都置身利益格局当中，一些事虽然从全局和长远看有利，却与自身利益、眼前利益相冲突；或者明知道越拖越难办，可做了吃力不讨好，于是就将它们摆到一边。可见，知行心亟需价值观的支撑。尤其是当欲念与理智、功利与道德发生交锋之际，更不可缺一种内在的意志，将良知转化为践行。

纵观历史，“知行合一”常常是带血性的。典型的如几位春秋史官——“在齐太史简，在晋董狐笔”，他们坚守“君举必书”的信条，甘愿提着脑袋犯颜实录，迈出了感天动人、以生命为代价的“大行”。如此行为是对价值观的捍卫。放弃心中的准则而在行动上退却，对那些史官好比精神上的自戕，因而绝对不可以接受。

春秋史官的知行心，显然非常人所及，其映射的人格尊严和人性光辉更非常人所有。人的生命内涵由他选择的价值构成。由于信念和信仰的作用，人们就有了无怨无悔的行动，以致在世俗眼里的诸多不理智，便成了终极意义上的理智。几千年来总有这样一些人，以“我不入地狱，谁入地狱”的气概，毅然砥砺前驱，在知行并进中弘扬我们民族的正气，并实现了不虚此生的无上价值。

想在任何一方面出类拔萃，最简单也最管用的法门就是坚持。心守恒常，实质是不断重复。重复往往显得枯燥、乏味，但人生的釉彩总在干燥的窑炉里烧制。

恒常心

小时候看电影《少林寺》，老和尚为李连杰扮演的觉远主持剃度仪式。当问到第三戒："尽形寿，不淫欲，汝今能持否？"镜头转向寺前柱子后边的牧羊女，眼中一片深情哀怨。觉远略有所思，但还是点头说："能持！"

“能持”是一句承诺，虽然只有两个字，却意味着从今往后的坚守。在佛门，持戒分两种：一是止持，规定哪些不能做；二是作持，要求哪些必须做。受戒容易守戒难，难在无休止的日复一日。佛门有言：“菩提心易发，恒常心难持。”人毕竟都有惰性，并且常受外部的干扰和诱惑，要将预定的事做到底，无疑是对自己的一场考验。

然而，做到底却是成事的关键。因为想做一件事容易，只要念头一闪；做成一件事，却需各种条件的匹配，不可少了播种和耕耘的时间。尤其要成就一份卓越，那更离不开一颗恒常心。

说到卓越，其实不一定与大人物挂钩。欧阳修笔下的卖油翁，将油通过铜钱孔灌入葫芦，钱币竟不溅半滴油，难道不是卓越的功夫？谈及诀窍，卖油翁只一句话：“唯手熟耳。”听来似乎没啥名堂，可“手熟”不会从天而降，必须经年累月地练习，靠恒常心支撑。一切大大小小的卓越，固然得益于天赋，但光有天赋还远远不够。想在任何一方面出类拔萃，最简单也最管用的法门就是坚持。

恒常心是一种稳态，拒绝因慵懒、浮躁而随意中止。在人生的长途跋涉中，决定能否走远的第一要素，不是速度，而是耐力。只要方向对头，即使迈出的步子再小，也能积小步为大步，越来越逼近前头的目标。相反，许多人之所以被淘汰，不是没有实力或机会，恰恰因欠缺韧劲，在不该停的地方熄火，甚至就在离终点几步之遥的地方放弃了。

这样的放弃令人惋惜。经济学有沉没成本的概念，指那些已经发生却无法得到补偿、回收的支出，如时间、金钱、精力。半途而废可谓最大的浪费，它让原先的付出成为一笔勾销的沉没成本，不仅如此，随之“沉没”的，还有做事的信心与热情。可见，恒常心是对过去的所作所为负责，对认准了的事保持一股黏劲，否则事事浅尝辄止，终将一事无成，以致在自我折腾中将一生“沉没”。

心守恒常，实质是不断重复。古希腊的苏格拉底曾教学生甩手，要求每天三百下。一个月后，五分之四的学生还在继续；两个月后，只剩下五分之三；一年后再问，仅一人举手。他就是柏拉图。对这则故事的真实性，我多少存些怀疑，可它蕴含的道理千真万确。成功与不成功通常只差一点点，就看能否持久地重复，并在重复中精益求精。

由于缺少新鲜感，重复往往显得枯燥、乏味，但人生的釉彩总在干燥的窑炉里烧制。有种说法，大多事只要延续四星期，就能养成习惯；习惯一旦养成，恒常就不再那么艰难，因为它已是生活不可分割的一部分。而通过一个人的习惯，我们从中可以感知他的生命特质。

顺风顺水时的坚持相对容易，真正的考验来自于冷板凳和大挫折。此刻不改初衷，更有格外的分量。对强者来说，可以一百次调整策略和方法，却不会动摇信念。其实，越困难的时刻总是越接近拐点的时机。冷板凳上的坚守与大挫折后的咬牙，是恒常心最有价值的内核。曾几何时，人们的眼前漆黑一团，可也许再走几步，前方即会透出一丝光亮。

恒常心不见得就有回报。佛家讲因缘和合，假如无缘，再好的种子也是徒劳。可中途放弃了，则连半点收获的可能都没有。人生是不断积累的过程，成功不取决于瞬间的闪光，而在于长久的坚持。在许多时候，成功就是再等一会儿。即便不知道它究竟会出现在哪一个时点，但只要目标有意义，坚持的本身就有价值。而实实在在地坚持了，我们才有资格为运气不好遗憾，可以无愧地说自己尽力了。

人生当然不是坚持就能主宰的。怀恒常心，还需分清哪些应坚持，哪些须放下。如果说坚持是一种硬气，放下则是一种大气。而盲目的执着，总死抓着某样东西不放，以致将自己逼到死角，屡屡被狭隘的痴迷所伤。心守恒常，贵在坚持该坚持的，放下该放下的，那怎样才能分辨妥帖？

在此且听一则故事：有位父亲觉得儿子不像男子汉，特请拳师训练。半年之后，拳师安排了一场比赛，对手竟是一名教练，男孩频频倒地，但都站起来继续搏击。父亲颇为沮丧，可拳师的话意味深长："我很遗憾，你只看到表面的胜负，却没看到儿子倒下去又立刻站了起来。这才是真正的男子汉！"

同一个场景，父亲看到的是输赢，拳师看到的是精神。假如非得击败教练，男孩并不具备实力，甚至再多苦练也难以超越。要是以此为念，那就过于执着，极易为挫败损伤。理性的恒常心着眼于过程，并非与别人较劲，更不是一定为了赢才较劲。男孩的每一次站起，都在拒绝放弃，也仿佛是与自己较劲。他坚持到比赛最后，就是战胜自己的赢家。从这一角度看，男孩便没有失败，也不会失败。而经过不懈的磨炼，也许等到某一天，他挖掘出了埋在深层的潜能，谁说必定不能击倒曾无比强悍的对手？

既然希望他人怎样对待自己，那就先从怎样对待他人开始。世上没有免费的午餐，若将坦诚视作“午餐”，也不妨先主动为对方提供。

坦诚心

“这一生到底要做多少次自我介绍，你才能认识我？”

若仅仅记住对方的姓名和脸孔，只要想认识，也许一次就足够。但要真正地认识一个人，那与多少次并无简单关联，因为它取决于“自我介绍”的坦诚。

每个人都有不同的侧面，甚至有的还因人而易，不断展现变幻着的多张嘴脸，令你无法判断哪张是其本色。心怀坦诚，是以不掩饰、不修饰的自我，坦率、诚恳地待人处事。他让你知道葫芦里装着什么，倒给你的也是实实在在的东西。所以，每个人不管自己是否坦诚，却无一例外希望与坦诚的人相交。

怀坦诚心，首要的是坦开胸襟。凡事没必要遮遮掩掩，因为你可能蒙蔽一个人，却难以蒙蔽所有人，更难以永远蒙蔽所有人，襟怀坦白便是明智的选择。据说太平洋战争爆发后，在阿卡迪亚会议期间的某一天，罗斯福手拿《联合国家宣言(草案)》突然闯入丘吉尔的房间，连声说“大英帝国有救了”。哪知丘吉尔正在洗澡，竟赤条条从浴室冲了出来。罗斯福连忙避让，丘吉尔则自我解嘲道：“不不不！大不列颠首相在美国总统面前没有什么可隐瞒的。”

这不过是一则趣闻，但说明合作与交往需要拆除心中的“篱笆”。当彼此知根知底，人们才能建立起真正的互信。反之，即使共同利益再多，假如相互算计，也容易反目成仇。心怀坦诚，贵在从容地向对方展示开放的自我，这正是人与人携手同行的基点。

坦诚的本质是真诚。在现实生活中，谁都可以承认自己的缺点，但绝不会宣告自己虚伪，甚至有些人扮演的就是真诚。他们试着与你掏心掏肺，告诉你从未讲过的悄悄话，以致为自己的真诚热泪盈眶。但坦诚心本是质朴的。根据字面拆分，诚从言、从成，有言出必成之意。坦诚来不得虚假，必须对说出的话负责。而戴面具的真诚骗不了人，因为眼睛就能暴露秘密，时间更能戳穿演技。只有发自本性、不带水分的真诚，才能穿透人与人的间隔，赢得他人心底里的信任。

坦诚是好东西，但在什么商品都过剩的今天，为何又显得这般稀缺？一句话，只因害怕彼此的不对称——我对你坦坦荡荡，你对我躲躲闪闪，这便引发博弈论中的“囚徒困境”。在许多人看来，“逢人只说三分话，未可全抛一片心”是最好的自我保护。更为恶劣的，还利用坦诚的不对称，耍一些自以为聪明的伎俩。可所谓的聪明，凡器局小了，必然不高明。人际交往是双向的，你以何种姿态待人，别人也照样复制，于是相互损伤，谁都难成赢家。

也有人说，我并不想成赢家，可也不想当输家。坦诚会被人利用，所以不得不有所提防。此类想法极正常，在一定程度也不失为理性。但需要指出，坦诚不是口没遮拦，万事和盘托出。怀坦诚心，同样应看对象和情形，讲求待人处事的效果。它可以有防人之心，只是没有害人之意；可以有必要的隐秘和含蓄，却不能两面三刀，这才让大家安心相处、放心共事。

“以诚感人者，人亦诚而应。”人心是相通的，只要打开门槛，就会去除许多隔阂。从良性互动的角度，既然希望他人怎样对待自己，那就先从怎样对待他人开始。世上没有免费的午餐，若将坦诚视作“午餐”，也不妨先主动为对方提供。自然而然，坦诚会有彼此的默契。有的即使不用讲太多话，只要相互之间多存几分诚敬，也能你知我知、以心换心。

坦诚将带来坦诚的回报，但心怀坦诚，毕竟不是为了交换，切不可用生意场上的盈亏来衡量。真正的坦诚，需超越狭隘的功利意识，所以经常表现为“拙诚”。曾国藩说：“纵人以巧诈来，我仍以浑含应之，以诚愚应之；久之，则人之意也消。”此时的坦诚，是以我为主的

"坦",以不变应万变的"诚",甚至有一股"但行好事,莫问前程"的傻气。然而,世上的事理犹如百川归海,最终汇聚一处。在现实生活中,多少人钩心斗角,却"机关算尽太聪明,反误了卿卿性命"。而不带机巧的坦诚,往往无招胜有招,在淡看功利中反成就更大的功利。

从深层次讲,坦诚绝不仅仅对他人而言,它更导向自己。当今社会有许多人,为了追求成功,往往按场面上的需要不断对自我进行改装。渐渐地,自己也被外在的游戏规则所游戏,将真实的内心迷失在途中。多少人在将自己装在套子里的同时,其实也在远离乃至欺骗自己,长此以往,便出现人格分裂的各种情形。

最高意义的坦诚心,无疑是对他人与对自己坦诚的统一。每个人身上都有自己不愿面对的一面,或者存在不为己知的盲点。对自己坦诚,是通过持续地反省、剖析,扫除遮蔽视线的尘障,认清既带着人性弱点又怀着超越期望的自己。精神上的强者必定由内而外的坦诚,他们并非没有欠缺,但有内在的富足和底气,因此不屑于伪装自己，不屑于在人前表演。他们选择做真实的自己，懂得按内心的声音抉择，也许只有这样，才不曾贬低和辜负生命，在一片坦诚中实现自己的特色人生。

忍耐，也可说是忍出的能耐。人需要一段弯路才能成熟，需要隐忍发愤才让精神变强。许多人的成功，只因在别人叫嚷痛苦的时候忍住了，在别人决定放弃的时候坚持了。

忍耐心

夏季降临，四处传来蝉的鸣声。可许多人并不知晓，为了这一刻的阳光沐浴，蝉需经历怎样的过程？从幼虫孵出开始，它就钻入地底，仅靠树根的汁液为生。而在无边的黑暗中，它将苦熬一年、二年、三年……北美洲的一种蝉甚至需要整整十七年，才最终完成五次蜕皮,迎来钻出泥土的那一天。

从蝉的身上,我感知了生命的忍耐力,体会到一种苦心坚守的精神。对蝉而言,也许这只是生存的本能,但它蕴含的意义却令人动容。人在世间,绝不可缺少忍耐。忍耐就是等待。人需要在等待中积蓄力量,在等待中经历无数次量变,以求得质变的最后一跃。就像蝉的蜕化,需要几多春秋,人们经常也离不开漫长的等待。

有一颗忍耐心,当然不光为了应付时间的煎熬。人生的忍耐,是因为不可能一路坦途。当面对疾病、困苦、嘲讽和挫折时,我们怎么办?柏拉图说:"要是无法避免,那你的职责就是忍耐。"麻烦来了,躲是躲不开的。既然退缩和冲动不能解决问题,便只有顽强承受。许多人的成功,正因在别人叫嚷痛苦的时候忍住了,在别人决定放弃的时候坚持了。就这样一忍,"云消山岳露,日出海天清",他们熬过了黎明前最黑暗的一刻。

忍耐的滋味毕竟不好受,但身处不那么喜欢的境地,若自艾自怜、自暴自弃,不仅于事无补,更是对自己不负责任。而无论命运怎样残酷,我们遭受的屈辱和痛苦多么深切,那些难堪的事,只要你忍了,就一定能过去,没有大不了的。正如寒山、拾得两位禅师的问答:“世间谤我、欺我、辱我、笑我、轻我、贱我、恶我、骗我,如何处治乎?”“只是忍他、让他、由他、避他、耐他、敬他、不要理他,再待几年你且看他。”

忍耐心是“忍”字当头,但绝非忍气吞声,让人的一辈子忍着过,忍着忍着就过去了。忍耐终究不是目的,假如只为生活安耽而逆来顺受,这个忍就没有意义。“忍”,按《说文解字》即“能也”。忍耐,也可说是忍出的能耐。它让人沉得住气,却能屈能伸,就为了走出路子,在忍耐中实现人生的更大超越。

人是不可缺忍耐的。所有的辉煌,必然有途中的磨难。尤其是身陷困境,究竟一蹶不振、意志消沉,还是处变不惊、卧薪尝胆,可以真正地衡量一个人。曾国藩统率湘军征战,曾经连遭惨败,但凭着打脱牙“和血吞之”的忍功,终于在屡败屡战中赢得逆转。想跳龙门,先钻狗洞,是曾国藩的一句名言。狗洞,谁都不愿钻,可真正的英雄肯钻,因为他们有跳龙门的抱负,怀着常人难有的忍耐心。

事实上,人需要一段弯路才能成熟,需要隐忍发愤才让精神变强。远离曲折可以使人活得简单，却往往使生命显得肤浅。且看许多未经波折的人，或许一时春风得意，但转眼如浮云散去，就因走的路太平坦，没有咬牙忍耐的岁月用来积淀人生厚度，故而造就不出成大器的底蕴和气场。

人生无疑离不开体验，道理固然能从书本或他人那儿获取，但没有切身经历，就没有切肤之痛。忍耐的过程，好比一锤一锤的自我锻造。少了这一段心路历程，即使身为高官巨富，精神世界也总有所缺，常常因现实感受的贫乏，难以领悟生命的真谛。

人的忍耐力难以限量，而忍耐更使人的前程不可限量。白居易曾历数诸贤之忍："孔子之忍饥，颜子之忍贫，闵子之忍寒，淮阴之忍辱，张公之忍居，娄公之忍侮"，并说"古之为圣为贤，建功树业，立身处世，未有不得力于忍也"。可见，苦难是最好的磨刀石，甚至也是心灵的养料。正是在对苦难的忍耐中，生命由脆弱变得坚韧，并渐渐拓展出人生的大视角。当是时，苦难也随之变得渺小，因为你的格局越来越大，早已从细枝末节的得失、荣辱中跳了出来。

在此，还是让我们再看蝉的一生。当经过长年的艰苦等待，蝉终于爬上树干、飞向枝梢，开始了阳光下的吟唱。但它的生命却已进入倒计时，大约一个月光景，蝉完成了繁衍后代的使命，便迅速消逝。数年乃至十多年的蛰伏，仅仅换来几星期的歌声，它的坚忍有何意义？可这就是自然界的生命法则。蝉自出生的那天起，只有两个选择：要么放弃，永远埋在泥里；要么坚持，赢得出头的时刻——既然生命只能沿着这般轨迹，那就只有忍耐，等着蜕变，为着将来的破土而出……

对于树上的鸣蝉，享受阳光的日子如此短暂，似乎有些可悲。但它其实成功了，并且实现了生命的接力，而这是蝉作为宇宙生灵的最大使命。从蝉的身上，我感受到的不是可怜与卑微，实在是一种伟大的忍耐，一种令人肃然起敬的卓越精神。以蝉为镜，假如我们能够从中学一些挺住的韧劲，哪怕多汲取一点别趴下、走到底的硬气，那又有什么困境可称为绝境？我们的人生必将增添无数亮色，让自己与蝉一样，唱到最后，笑到最后。

心之度

XIN ZHI DU

孟子曰：“度，然后知长短。”人的内心世界，永远不可缺分寸的把握。

卷首诗题

中　流

胜日浮舟江水平，
楫篙劲处计前程。
若明天理思余力，
船到中流自可行。

人生的最大对手是自己。即使要战胜别人，第一步需战胜的，也是自己的软肋。反躬自省，正是与自身的惰性、惯性、劣根性较劲。只有克服它们，才能撞开挡在头顶上的“天花板”。

自省心

《圣经·新约》有一则记载，一群人捉住一名女子，问耶稣：“她犯了罪，按律法应用石头砸死她，你说该怎么办？”

耶稣答道：“你们中间谁是没有罪的，就可以先拿石头砸她。”

那些人全愣了，不久一个个都走开了。耶稣的话剑走偏锋，出乎所料又直指人心。谴责、惩罚别人容易，但首先应反躬自省，看自己是否够格。孟子说："权，然后知轻重；度，然后知长短。"怀自省心，就是经常权衡、度量自己的所作所为。这好比一面镜子，从中照出容貌、形体，也实实在在地呈现诸多的欠缺。而仅仅一反思，向耶稣提问的那些人，头脑便多了一分清醒，对他人也多了一分宽恕。

"认识你自己！"——这是铭刻在古希腊德尔斐神庙上的箴言。我们活在世上，要认识真实的自己很难。由于视角不同，多数人会放大自身优点，却忽略存在的不足。当发生矛盾时，往往一股脑儿指责对方；纵然明知理亏，也习惯于避重就轻，为自己开脱。可以说，人们对自己最为熟悉，又最为陌生。谁都能轻易找出别人的毛病，可对自己则存着盲点，潜意识里有选择性"失明"的倾向。

可人总是不完善的，无论你多么优秀，终究带着缺陷。自省即自醒，具有给自己挑刺的勇气。特别是位高权重者，通常被溢美之词包围，更难以自我剖析。但差错必定伴随所有真实存在的人，假如不去挑刺，刺终究搁在那里，绝不会自动消失。自省是直面自己，“常看得自家未必是，他人未必非”。它仿佛以旁观者来审视自己，展示了一种敢于自我否定的器量，从而避免做人的盲目。

自省心让人知过，可知过不是目的，知过的意义在改过。倘若找出一堆问题，却听之任之，这并非自省，反倒是自我纵容。自省贵在对症下药，从自身的不足中找到超越的空间。因为人生的最大对手，其实是自己。即使要战胜别人，第一步需战胜的，也是自己的软肋。反躬自省，正是为弥补那些短处、陋处，与自身的惰性、惯性、劣根性较劲。只有克服它们，我们才能撞开挡在头顶上的“天花板”，实现对自己的突破。

自省不光需自我批评，更是在反思中提炼智慧。人不管再聪明，都会跌跟斗，要紧的是不重复跌类似的跟斗。心存自省，可以总结教训，在过去的跟斗中体悟，使跌打滚爬成为人生的学费。同样，面对成功也应自省，高歌猛进不等于无需改进，何况顺风顺水也容易让人忘乎所以。总之，自省既是逆境中的吃堑长智，又是顺境时的防微杜渐，它使人举一反三，更好地把住命运的主动权。

“见贤思齐焉，见不贤内自省也。”一个人能否进步，很大程度上取决于他的参照系。遇有德有才之人，若能在对比中感知差距，并弥补不足，那将离贤者越近。而对别人的错误，假如从中引起足够的警觉，也能有效防止在自己的身上复制。基于别人的教训自省，视别人的伤口为自己的苦痛，才是“性价比”最高的开窍。

身体需要保养，心灵需要自省，同样都离不开日常的检修与维护。根据医学理论，人群分健康未病态、欲病未病态、已病未传态等类型，“治未病”被视作最高明之举。唐代孙思邈说：“上医医未病之病，中医医欲病之病，下医医已病之病。”一流的医家富有远见，他们对未病者劝导养生，对欲病者提前预防，对已病者尽早治疗，可谓化病邪于波澜不惊。自省恰似上医之术，通过自警、自砺能及时改过，就仿佛消除了身上的亚健康，防止隐患变显患、小患成大患，无疑是做人的长久之道。

自省是否过于劳心？像曾子“吾日三省吾身”，似乎活得太累。需要指出，自省发自本意，并非外来的强迫，若成为习惯，就同平日起居洗漱那般自然。从更深的层次看，自省着眼于修身，不是功利驱使下的无奈选择。它注重人格的自我完善，体现了内求于心的进取方向。事实上，每个人都是无尽的矿藏，但最终能开发多少，关键看自己。如果说贪图外物终有尽头，内涵提升却无止境。自省心反求诸己，正是同自己对话，仿佛在不懈挖掘自身的矿藏，并由此带来精神的充实与快乐。

行文至此，不妨让我们回望千年，细细品味《六祖坛经》中的一个经典场景：

禅宗五祖弘忍送慧能过江，上船后亲自摇橹。慧能说：“师父请坐，让弟子来摇。”

弘忍说：“我是师父，应该由我度你。”

“迷的时候由师父度，悟了就要自己度自己。”慧能答道。

自省心也可视作是一颗自度心。人海茫茫，宦海、商海、学海无不波涛汹涌。在人生的航行中，没有谁将度我们一辈子。或者说,真正度我们到彼岸的,只能是自己。心存自省,犹如自己不停地摇橹,既留意船头的方位,又随时矫正用劲的手法和节奏。在这里,留意、矫正都是为了整个航程,它让我们不在风浪中迷失,并努力朝着追寻的方向直行……

中庸看似平常，但绝不平庸。它始终追求适度的状态，并根据不同的时间、地点和条件践行中道。心怀中庸，让人“盛时常作衰时想”，以便留些余地——既给别人留，更给自己留。

中庸心

“增之一分则太长，减之一分则太短；著粉则太白，施朱则太赤”，这是宋玉《登徒子好色赋》里的名句，用来描写楚国的一位邻家丽人。但从字里行间，我居然想起千年传承的中庸之道。

中庸怎么会与美女挂上钩？只因它的精髓是恰到

好处，就像赋中“东家之子”不可增一分、减一分。人的行为也如此，不怯懦且不鲁莽，才叫勇敢；不吝啬且不奢侈，才叫慷慨；不木讷且不油滑，才叫风趣，否则都将过犹未及。

中庸的内涵，当然不是一两句话可以道尽。自从孔子发出“中庸之为德也，其至矣乎”的感叹，后人对它作了多番阐释。汉代郑玄说：“中庸者，以其记中和之为用也。”宋代朱熹注解道：“中者，不偏不倚，无过无不及之名。庸，平常也。”虽然理解的角度有所不同，但本质上是不走极端，始终追求适度的状态。

不过，中庸的概念并非中华文明所独有。乔达摩·悉达多因琴弦松紧的音色变化生悟，于是转为不急不缓的修行。他放弃原先一天只吃一粒麻麦的苦修方法，开始接受牧羊女的乳糜。佛陀后来说：“自我享受是一个极端，自我折磨是另一个极端。放弃两端就是中道，它让人宁静、智慧、觉悟和解脱。”亚里士多德也认为，人的行为分过度、不及、适度三种状态，适度即中庸是“最高的善和极端的美”。

由此可见，中庸是人类共有的精神财富。世界是对立统一的，只顾一头，不及其余，往往失之偏颇。中庸心讲求相对均衡，故注重统筹兼顾，在思想、行为上不偏激又不保守，特别强调分寸的拿捏与掌握。

中庸这个词汇，现在已提得较少，但由于历史上儒学的兴盛，它扎根于国人的心灵深处。比如，做人外圆内方、刚柔相济，便是处事层面的“执两用中”。《论语》有关君子“五美”之论：“惠而不费，劳而不怨，欲而不贪，泰而不骄，威而不猛”，则体现了中庸的精髓。不仅如此，治国理政也离不开中庸。德刑相辅，宽猛相济，是两种治政手段、风格的有机组合。把握好其中的火候，自显中庸心的高明。

那么，中庸是否像求解算术平均数，凡事取一条绝对的中间线？假如这样，就成了僵化。中庸讲求“时中”，根据不同的时间、地点和条件践行中道。“中”的标准因时而易，这好比热与冷是温度的两端，但冬天烤火、夏天饮冰却合乎中道。随着情况的变化，中庸是灵活的，能张能弛，可进可退，从而不断适应改变了的现实。

拥有一颗中庸心，着力于当下，却着眼点于长远。

人是起起落落的，可常常意识不到，以致得意时无所顾忌，专干一些过分的事，最终自掘坟墓。宋代法演禅师说："势不可使尽，使尽则祸必至；福不可受尽，受尽则缘必孤；话不可说尽，说尽则人必易；规矩不可行尽，行尽则事必繁。"心怀中庸，不正是心悟"四不"？它让人"盛时常作衰时想"，避免偏执行事、过度透支，以便留些余地——既给别人留，更给自己留。

无须回避，中庸也挨了不少骂。鲁迅先生就认为它导致保守、卑怯的人格，"遇见强者，不敢反抗，便以'中庸'这些话来粉饰，聊以自慰。所以中国人倘有权力，看见别人奈何他不得，或者有'多数'作他护符的时候，多是凶残横恣，宛然一个暴君，做事并不中庸；待到满口'中庸'时，乃是势力已去，早非'中庸'不可的时候了"。

但这里的中庸，应加一个引号。不可否认，我们民族的若干劣根性有着文化"病根"，中庸也因之遭抨击，常被视作缩头藏尾；甚至那些被习俗磨去棱角的世故，也被贴上中庸的标签。然而，被谴责的种种却是"伪中庸"，完全是变种乃至被妖魔化了。若以此鞭笞中庸，明显打错了板子。

真正的中庸心秉持原则,其实极具担当精神。正如《礼记·中庸》的一段话:“故君子和而不流,强哉矫!中立而不倚,强哉矫!国有道,不变塞焉,强哉矫!国无道,至死不变,强哉矫!”“强哉矫”是对强者的感叹词。一个信守中庸的君子,追求中道、中和、中正,因而从精神上不会随波逐流,必然拒绝不负责任的和稀泥。这无疑由独立人格所支撑,体现了一种卓越的品质。

中庸看似平常,但绝不平庸。虽然儒家中庸思想不乏过时之语,其精神内核却丝毫不缺现代价值,中庸之道也渗透于人们生活的全过程。有则故事讲某人赴宴,菜肴淡而无味,朋友便撒上一点盐,菜立刻变得鲜美。此人暗想,盐真好吃,要是再多放一些,岂不更加美味?回家后,他拿起盐罐就往嘴里倒。这样的笨人,不会有现实版,可此类情形到处可见。和菜肴一样,每个人的生活都需要“盐”,关键是知道放多少。心怀中庸,目的是将“度”把准,唯此才不会片面,少有乱方寸的一天。

真正的大师总是谦卑的。正因站在人类智慧的最高处，他们更具非凡的眼界，才更感自身的局限。开阔的眼界使人谦卑，谦卑又使人的眼界更开阔，推动大师们一步步地走向巅峰。

谦卑心

在古希腊，有人问苏格拉底："天地之间有多高？"

"三尺。"

又问："人有五尺，那不把天捅一个窟窿？"

"所以那些高于三尺的人，要学会低头。"

苏格拉底说的低头，可以理解为一种谦卑。谦卑，按照词语拆分，即“谦虚＋卑微”。谦虚是做人处世的态度，卑微是对自我的认知，后者是前者的逻辑起点。而感知卑微，并非自贬身份，实际上是认清自己的平凡，正视在学识、见识与德性、理性方面的诸多欠缺。

人堆里总是天外有天，即使你出类拔萃，终究跳不出某个领域、范围或时段；假如妄自尊大，就好比井底之蛙。更何况“尺有所短，寸有所长”，存在发光的一面，势必有背光的另一面。倘若以一己之长逞强，反显得浅陋。因此，人要有谦卑心，纵然自信，也应知道身上的短板，给自己恰如其分的定位。

当在内心确立了谦卑的基点，人们就多了自知之明，不会因半桶水晃荡，凭一点业绩便睥睨天下。所以谦卑的人，日子好过时不会像暴发户，遇到挫折也不至于垂头丧气。因为他们挤干了做人的“泡沫”成分，拒绝趾高气扬，自然也没有好高骛远的心理落差，更可坦然面对生活中的进退得失。

人只要存在于社会，必然拥有某种特定的身份，并由此引出高低贵贱的评价区分。通常情况下，人们会对权位、钱财高于自己的一方谦卑，但对境况逊己一筹的则难有此心。据说,美国前总统托马斯·杰斐逊曾与孙子驾车出行,一奴隶在途中脱帽行礼,他当即还礼。孙子却在一旁无动于衷,杰斐逊告诫说:“难道你允许他人比你更有绅士风度?”

爷孙之间的差别,在于那一颗谦卑心。也许由于怀着强烈的身份意识,当小杰斐逊面对地位低下的奴隶时,就有了顺理成章的傲慢。然而,偏偏是最具骄傲资本的托马斯·杰斐逊,却持有非凡的待人礼貌。他的身上条件反射似地流淌着一种涵养,也正是在这份谦卑中,绅士的高贵气质得到了充分的展现。

一个人是否谦卑,与内在的品格相连,也取决于他对世界认识的深度。有时我们对某些方面似乎了解颇多,可不断地探究下去,却越来越发现自己的肤浅。真正的大师总是谦卑的。孔子曰:“三人行,必有我师焉。”牛顿认为,在科学面前,他只是一个在岸边捡石子的小孩。从杰斐逊到孔子、牛顿,都可谓拥有同时代最聪明的脑袋,但正因站在人类智慧的最高处,他们更具非凡的眼界,才更感自身的局限,并油然而生谦卑。

大师们的谦卑不是客套,而是接地气的志存高远。

因为知道自己的“不知道”，晓得自己各式各样的“不能够”与“不适应”，他们就不会满足曾经的辉煌，不会有一叶障目的狂傲。对大师们来说，过去的都已过去，更远大、更值得骄傲的追求还在前头。开阔的眼界使人谦卑，谦卑又使人的眼界更开阔，推动大师们一步步地走向巅峰。

谦卑是具体、实在的处事，尤其突出地表现为强者的退让。清康熙年间，礼部尚书张英的老家与邻居争宅基地，他寄诗一首：“千里家书只为墙，让他三尺又何妨。长城万里今犹在，不见当年秦始皇。”张家于是将墙退后三尺，受感动的邻居也因之效仿，便在安徽桐城形成一条“六尺巷”。应该说，张英不缺横行乡里的权势，但心中的道义使他谦卑，当然也无心插柳，让后人铭记住了张尚书的风范。

谦卑无疑由内而外，亟须将心气放平。但在现实生活中，也有人将谦卑当成某种策略，或基于利益苦心献媚，或为了形象刻意“亲民”。这些在场面上的姿态，其实不是谦卑。而当谦卑成了一场秀，特别是心底里端着身价，自认为一个重要人物，又逢场作戏作施舍式的低调时，他们骨子里流露的并非谦卑，反是无形的傲慢。

谦卑心出于真诚，是放下身段的不卑不亢。无论高官显贵、商界巨子，还是布衣百姓、贩夫走卒，对之都一视同仁、一视同礼。真正的谦卑有平等的人格尊严，既不仰视权贵富豪，又不鄙视贫困微贱。既如此，做人就不会忘乎所以，也不会匍匐在地，而平添清风朗月般的安详。

谦卑本睿智，非参透人生玄妙，通常难有深切的体悟。对人而言，抬头是本能，而像苏格拉底所说的，低头才是本事。心存谦卑，就是拥有低头的气度和胸怀。它看似柔弱，却于无声处体现做人的底气，在平静中散发着强大的精神。犹如大海，只因处于所有河流的最低处，才使百川汇聚，最终成就无尽的浩瀚。

慎微是将关口前移，为自己设一道零容忍的防线。许多事只有不曾开始，才能切实隔绝。当然，它并非光拣芝麻、不顾西瓜，慎微的实质是大处着眼、小处入手。

慎微心

书法大家于右任见人常在墙角撒尿，就写下“不可随处小便”的字幅，让侍从前去张贴。可于老的墨迹名扬天下，派此等用场实在可惜，侍从于是另写便条，将珍迹带回收藏。但字幅毕竟难登雅堂，经一番苦思，六字竟被裁开重拼，成了匠心独具的“小处不可随便”。

“小处不可随便”，这话波澜不惊，却像一句禅语，不加渲染地揭示了慎微的重要。慎微，即谨慎及于细微，是对小事、细节的高度关注。古人说：“道自微而生，祸自微而成。”小事、细节虽然不很起眼，却与整体相连。在许多时候，小事便是大事，细节决定成败。

微小、微弱、微薄……诸多的“微词组”，不免让人觉得“微不足道”。但自然界乃至社会领域的蝴蝶效应，说明小与大可以瞬间转换。既然亚马逊丛林里的一只蝴蝶，轻轻扇动几下翅膀，都能导致美国德克萨斯州的一场龙卷风，那还有什么事一定不会由小变大？

看不见的细微并非不存在。就像在《格列佛游记》中，大人国的人们根本看不见格列佛竖起的多米诺骨牌，但小多米诺的一触即发却引起巨型骨牌的连锁翻倒。这里的小多米诺，正好比大家日常极易忽略的诸多细枝末节，我们往往无视它们的价值，也轻视它们可能带来的破坏性。但任何细微的东西都在变化之中，或者说，再惊天动地的大事也无不来自细微。慎微心的实质是小中见大，能始终留心、用心于常人看不见的存在。

说到慎微，古人多指修身。所谓修身，仿佛是对自己的持续检修，平日不见得需要动大手术，主要靠保养维护。其实人们犯错，起初往往不重，似乎是无伤大雅的“小意思”。然而，“小意思”常源于嗜好，故格外具有成长性。“不矜细行，终累大德”。一个人当尝到了小利，会贪求大欲；宽宥了小错，易酿成大恶。特别是位高权重者，许多人更投其所好，假如觉得小处可以随便，就会逐渐麻木，像温水煮青蛙那般不知不觉，最终积重难返。

慎微心的可贵，在于不以小为小，并且尤其慎初始之微。明代张瀚在《松窗梦语》里记载，他刚任御史后参见都台王廷相，王讲了一桩见闻：某日乘轿遇雨，有个穿新鞋的轿夫初时择地而行，生怕弄脏了新鞋。可走着走着，待一脚踏进泥泞，便“不复顾惜”。王廷相说：“居身之道，亦犹是耳，倘失足，将无所不至矣！”

王廷相讲的正是心理学的“破窗效应”。第一次“失足”，哪怕很轻微，也是从无到有。若纵容了第一次，人们往往会接受第二次，渐渐地绿灯大开，从此“不复顾惜”。这如同房子的第一扇破窗，如果不及时维修，其他窗户也将接二连三被打破。慎微则将关口前移，旨在源头控制，为自己设一道零容忍的防线。许多事只有不曾开始，才能切实隔绝。一旦涉足甚至上了瘾头，再想悬崖勒马，就不是一般缰绳可以阻止的。

点点滴滴总不那么起眼，但点点滴滴累加起的结果，却远远大于人们的想象。有一组算式：$1.01^{365}=37.78$；$0.99^{365}=0.0255$。1.01与0.99的差别极小，可经过365次反复，就成了河东河西。而同是细微的变化，一个向上递增，一个向下递减，分道扬镳的速度更令人感叹取向的要紧。东汉王符说："积上不止，必致嵩山之高；积下不已，必极黄泉之深。"慎微心贵在明辨方向，知晓积善与积恶的是非对错。近乎相同的起点，每步只差一点点，都会由渐变到巨变，最终的结果竟如此不同。

心系慎微，不仅促使修身，还能趋利避害。当面临危机和挑战时，人们通常打起精神，可对细微处，即使意识到某种危害性，也容易掉以轻心。但未雨绸缪才是高明之举，就好比扑火，起初一勺水即够；若成燎原之势，往往费尽周折仍难奏效。慎微是见微知著，将问题解决于苗头状态，避免隐忧变灾祸，酿成难以治理的心头大患。

慎微并非光拣芝麻、不顾西瓜，其实质是大处着眼、小处入手。一个人假如整天盯着杂事，却丢掉全局性要务，那不叫慎微，而是琐碎。不过，谋大局者也需顾一隅，倘若没有对细节的严格，就难有整体的卓越。在小处用心，恰恰是对大处负责，慎微从根本上是为了大局。

人生像一次迎着风浪的远航，在大海之中，需要勇敢地前行，又必须谨慎面对各种暗礁和漩涡。因为即使熬到漫长航程的最后一天，即使我们完成了接近全部的百分之九十九，如果在最后一刻犯错，也许照样前功尽弃。所以，慎微必须自始至终，它离不开信念的支撑，不可缺梦想的感召。只有这样，人们才有足够的定力，能对每一件小事、每一个细节倾注热情，从而日复一日累积，一步步驶向成功的彼岸。

危机是一种认识，没有忧患永远是最大的隐患。欠缺忧患就仿佛盲人走路，毫无忧患更等同于慢性自杀。高明的大脑懂得未雨绸缪，以此“小心驶得万年船”。

忧患心

沙丁鱼喜静，运输途中极易窒息，但有艘渔船却很少见到死鱼。原来，船长在鱼槽里放进了一条鲶鱼。因生性好动，鲶鱼不停地攻击沙丁鱼。受到威胁的沙丁鱼拼命游动，竟在左躲右闪中激发了活力。

这就是著名的“鲶鱼效应”，它使我想起了孟子的名言:“生于忧患,而死于安乐。”如同沙丁鱼,人都有贪图安逸的本能,容易满足现状,沉溺于当下的享乐,却对问题和风险感知麻木。更有甚者,还人为地制造矛盾,以致引火烧身。而明智的人有一颗忧患心,他们善于发现潜伏的威胁,并将之消弭在萌芽状态,因而建起了阻隔危机的“防火墙”。

“凡事预则立,不预则废。”忧患体现了做人的远见。危机并非瞬间形成,它总是从最不起眼的隐患开始。隐患的一点点滋长,起初往往被人忽略,等察觉到了,小患已酿成大患,变得难以收拾。怀忧患心,便避免做这样的盲目人。由于时刻存着危机意识,人们能灵敏预判各种先兆,做到有备无患。

困境中的焦虑是每个人都有的,忧患难在得意时。恰恰是一路坦途,人们因放松警惕,最容易摔跟斗。所以,顺境中尤需得宠思辱、居安思危,让自己时时“归零”后重新出发。

“企鹅(指腾讯)走出南极洲了!”面对微信的冲击,马云在阿里巴巴中层动员会上说。虽然阿里巴巴还如日中天,可微信支付无疑挑战了马云的心理底线,让他产生巨大的焦虑感。危机是一种认识，你有怎样的眼力，它就有怎样的显像。当然，看不见绝不等于不存在，没有忧患永远是最大的隐患。

阿里巴巴与腾讯的较劲，还难以断定谁会占上风。但可以断定的是，假如没有今天的忧患，阿里巴巴很可能将步步被动。其实在风起云涌的江湖里，谁都没有太多得意的本钱，却无一例外存在着软肋——只不过有的在明处，有的在暗处。换句话说，危机将伴随人的一生，“患”在任何时候都不会彻底消失。马云敏锐地感知到腾讯的可怕，阿里巴巴才能在第一时间发起反击，使出令马化腾也同样感到可怕的狠招。

危机是考验，但也蕴藏着生机与转机。在忧患心的作用下，人们更能唤醒生命的潜能。心理学研究表明，当人遇到危险时，会通过神经体液系统发出一种类似总动员的应激反应，从而明显提升人体机能和脑力水平。反之，在宽松、有利的条件下，大家往往精神麻痹，容易产生惰性。可见，忧患不仅能预警，还可充分地激活自己，让人在如履薄冰中变得机敏，在背水一战时更加强大。

忧患并非患得患失，更不是庸人自扰、杞人忧天。它建立在理智的基础上，是以问题为导向的省察。忧于细微处，防患未然时，实质上是一种能力素质。如果说普通人的忧患主要关乎个体利益，对一个组织乃至一个国家的领导人而言，忧患心则事关全局。因为领导人好比船长，把握着船的航向，若无视前方的洋流、暗礁和冰山，毁掉的将是整船子人。

从历史上看，因失却忧患而自掘坟墓的例子比比皆是。法国大革命爆发的当天，路易十六竟在记事本上写道："14 日，星期二，无事。"

当有人告知巴士底狱被攻的情况，这位君主还吃惊地问："怎么，造反啦？"

大臣回答："不，陛下。这是一场革命。"

作为最高执政者，无忧无虑可谓"很傻很天真"。但现实不会让他永无忧虑，而且必将给予加倍的惩罚。1793 年 1 月 21 日，路易十六最终为自己的浑浑噩噩买了单，他被送上了断头台。

这样的一幕血腥场景，在当代发生的概率已大大降低，但其深层的历史规律没有改变，所内蕴的道理仍完全相通。在任何一个时代,欠缺忧患就仿佛盲人走路,毫无忧患更等同于慢性自杀。高明的大脑懂得未雨绸缪,以此“小心驶得万年船”。

“思所以危则安矣,思所以乱则治矣,思所以亡则存矣。”人间本没有世外桃源,也没有恒定的风平浪静。从执政者到各个层面的领导人,以及平平常常的你、我、他,都不可缺一份忧患。因为大家都要用一辈子走长路,而前头必定有“狼”,保不准啥时会碰上。只有时刻警觉“狼”会来,并周密做好打“狼”的准备,才能避免被“狼”吞噬。凡事大体如此,正由于我们等着“狼”,“狼”反而会离得远一些,前头的路也将走得愈发安稳。

一个无所畏惧的社会，是最可畏惧的。心存敬畏，是对理性和良知的秉持，让人有所为、有所不为、有所禁为。只有知晓前行又懂得停步，知晓获取又懂得放弃，这样的人生才阴阳平衡。

敬畏心

无所畏惧，经常被用来描绘英雄。一个顶天立地的勇者，似乎也需有这样的风范。可孔夫子说："君子有三畏：畏天命，畏大人，畏圣人之言。"康德手指头顶的璀璨星空与心中的道德定律，称自己"愈思考愈觉神奇，内心也愈充满敬畏"。

两位先哲并非生来胆怯，更非见识浅陋，恰恰是超越常人的智慧，让他们多了一颗敬畏心。敬畏不同于一般的畏惧，它带有几分特别的敬重。典型的数宗教信徒，对神灵顶礼膜拜，丝毫不敢亵渎。当然，不信教的大有人在，特别是随着现代科学的发展，过去人们眼中的许多神秘现象都得到了解答。但时代可驱除迷信，却不可去除敬畏。人可以不信某一尊神，却不能漠视神圣的力量。这与科学精神并不相悖，因为世上存在着难以用常规尺度衡量的信念。

我们首先应敬畏自然。即使人被称作万灵之长，活动的范围和能量不断拓展，但因此想改天换地，未免过于自负。试看人类的伟大发明和精密制造，在大自然的鬼斧神工面前，无一不显得拙劣。那些移山填海的壮举，初看热闹非凡，一旦越出自然界的容忍限度，必然遭到加倍的惩罚。可以说，人类不管再聪明，本身就是自然的作品，至今也仍是宇宙怀里成长着的幼童。

相比宇宙的无限，人在某个时点的理性是有限的，我们对世界的“未知”要远远大于“已知”。敬畏自然，就是认清人类自身的渺小，正视大自然的神圣。任何人都属于自然,自然却不属于人类。没有我们,宇宙照样存在;反观人类,却难以离开生于斯、长于斯的星球,又怎能肆意妄为地与自然对抗?

自然界是生命的家园。虽然在这个世界上,生命没有丝毫的稀缺性,但每条生命都是神圣的,故同样需敬畏。埃及"二战"盟军阵亡将士墓碑上刻着一句话:"对于世界,你只是一个士兵;对于家庭,你是整个世界!"每个人都是唯一的,尤其对亲友而言更是不可替代。敬畏生命,就是将人的生命摆在首位。不仅如此,还应维护人格的尊严,珍视人的自由选择和发展机会。若进一步放宽视野,对生命的敬畏同样不可排斥其他生灵,毕竟它们也有心跳,有痛感和悲戚,都有其存在的权利。

人在世上,还必须敬畏规律。客观规律也是神圣的,不以人的意志为转移。人力即使再强悍,仍然无法对抗规律,更别说创造或者消灭规律。曾几何时,我们高喊"人有多大胆,地有多大产",以为能够牵着规律的鼻子走。可现实不会如此遂人意,它只给出合乎规律的答案。纵观历史,谁敢与规律掰手腕,最终败下阵来的，也必定是这位不自量力者。

如果说规律非人力所创，法则完全由人制定，是否无须敬畏？乔治·华盛顿作了很好的回答，他把就任美国总统比作“像走向刑场的囚犯”，因为将戴上比普通公民更重的法律枷锁。法律、规则作为人们共同遵循的行为规范，一经确立，就具有不被逾越、不被变通、不被潜规则左右的神圣性。这好比父母生育了子女，就无权损伤子女的身体和健康。既然颁布了法则，任何人都没有凌驾于它们之上的特权。谁蔑视法律、调戏规则，谁就是社会秩序的败坏者，就必须受到法则的严明制裁。

很显然，世间须敬畏的东西还很多。比如，敬畏历史、敬畏先贤，敬畏舆论、敬畏百姓，敬畏科学、敬畏正义。这些都涉及人的基本价值观，丝毫轻视不得，也玩弄不得。对它们心存敬畏，不是受金刚怒目、铁棒皮鞭的恐吓，更多是发自内心的庄严。

从本质上讲，敬畏与信仰息息相联。没有敬畏之心，就没有信仰之真。毋庸回避，当今社会已染上浓厚的功利色彩，甚至需不需敬畏，也要先问一声“有没有用”——对自己有用，就烧香拜佛；若不再管用，则立马丢开。因此，最被敬畏的往往是权力与金钱，但这两样东西最易变幻。敬畏的功利化，说明社会普遍缺乏信仰，意味着精神世界的荒漠化。当本该虔诚以敬的东西都可用权换、用钱买，这个社会即使堆砌出再多的眼前财富，必然与真正的文明渐行渐远。

敬畏离不开外在的约束，但更源于内心的自律。东汉杨震调任东莱太守，冒邑县令王密前往拜访，私下以金相赠，还称“暮夜无知者”。杨震说：“天知，神知，我知，子知，何谓无知！”杨震对天、对神的敬畏，或许有对冥冥之中那股神秘力量的忌惮，但在我看来更为了心安。每个人的心中其实都有一条底线，这是不受良知谴责的最后屏障，是我们不能突破的界限。怀敬畏心，很大程度上就是对做人底线的不懈坚守。

“凡善怕者，必身有所正，言有所规，行有所止。”而一个无所畏惧的社会，则是最可畏惧的。因为一切都无禁忌，那么一切都可被毁坏、被打砸、被妖魔化，于是什么房子都敢拆，什么食品都敢掺毒，什么数据都敢造假，什么决策都敢拍板，什么官司都敢乱判。长此以往，整个社会将肆无忌惮，进入为所欲为的恶性循环。

心存敬畏，是对理性和良知的秉持，让人有所为、有所不为、有所禁为。每个人当然都有所求，但必须有所约束和忌惧。正如河流有了两岸的约束，才能奔向大海。我们只有不失敬畏，知晓前行又懂得停步，知晓获取又懂得放弃，这样的人生才阴阳平衡，由这样的公民支撑起的社会才健康、良性与和谐。

心之戒

XIN ZHI JIE

甲骨文的“戒”，中间一把长戈，左右两只手，有警示防备的意思。人在心中应善于对自己说“不”。

卷首诗题

止　步

攘攘熙熙利似烟，
人心无戒难知天。
驱驰倘若在歧路，
止步如同身向前。

从某种角度看，自私是人类最深层的动力机制，但一旦缺乏节制，极易害人害己。利益事实上具有统一性，利己与利他完全能结合。

自私心

战国时期，魏国有个叫徐无鬼的隐士，声称要慰劳魏武侯。

“慰劳寡人？”魏武侯觉得奇怪，徐无鬼自身“苦于山林之劳”，不可能有拿得出手的财物。

“我慰劳你的精神和形体，”徐无鬼答道，“作为国君，你贪图眼耳口鼻的享用，让百姓劳累困苦。而心神本喜欢与外物和顺，厌恶为自己谋取私利。如今你患了自私病，所以我特地前来慰劳。”

魏武侯这样的自私病，不光君王容易得，平民大众也难以避免。对生命个体来说，无论谁都有利己的取向。而讲求个人的正当利益，其实是每个人的基本权利。绝对的无私，不仅不可能成为常态，也很难真正存在。从某种角度看，自私是人类最深层的动力机制。正是各式各样的利己冲动，让世界充满着前行的力量。

然而，自私与利己毕竟有程度的差别。自私心的危害，在于无休止的贪婪。社会资源即使再丰富，相对人的欲望，就变得稀缺。印度圣雄甘地说：“按照每个人的需要，东西是够用的，但按照每个人的贪欲，就不够了。”自私是贪欲的放大器。就好比切分蛋糕，多得一点是大家的普遍愿望，可有些人不光拿走应得的份额，还挖空心思巧取豪夺，甚至见人饥肠辘辘也无动于衷。如此这般就成了损人利己，突破了正当的区间与底线。

人生活在利益世界，不可能彻底割绝利益，否则几乎等于告别世界。然而，获取利益却不可毫无顾忌。由于资源的稀缺性，虽说在分配、占用环节，大家存在相互排斥的竞争关系。可竞争不应充斥兽性，让贪欲脱缰狂奔。自私心一旦缺乏节制，很可能走向极端，以至尔虞我诈、坑蒙拐骗。这不仅害人，还往往引火烧身，最终毁掉自己。

利己贵在掌握分寸。“君子爱财，取之有道”，就讲求适度与规矩。世上的利益，并非你有我即无、你多我即少。要让自己得利，就需让别人得益；要让自己活好，也得让别人能活。所以，与其为一块小蛋糕拼个头破血流，不如理性驾驭利己的本能，将眼光放长远些，通过合作来做大蛋糕，继而赢得更多的分享。

利益事实上具有统一性，利己与利他完全能结合。经济学将追求自身利益最大化的经济人作为基本假设，但商业契约通常是甲方、乙方在利己中的相互利人，并且依靠市场机制还可实现有效率的互惠。更应看到，人同时又是社会人，虽有利己的动机，也不乏利他的愿望。“投我以木桃，报之以琼瑶”，不应是狭隘的利益交换，而往往注重精神上的彼此默契。

有则“长勺喂汤”的故事，用对比手法刻画了地狱与天堂的区别。地狱里，一大群人围着一桶汤，却因勺子太长，够不到自己的嘴，只能愁眉苦脸；天堂里，一大群人也手拿着长勺，但相互喂汤，其乐融融。天地之别在人心。正因天堂拒绝斤斤计较的自私，大家懂得良性互动，得实惠的自然是每一个人。

在现实生活中，也能看到不少纯粹的利他行为，有的舍弃自身却不求半点回报。泰坦尼克号沉没之际，男人们自愿将生的机会留给妇幼。最令人动容的是史密斯夫人的回忆：当时，她的孩子被抱上了救生艇，可由于超载不能再进人，她禁不住呼喊：“让我上船吧，孩子不能没有妈妈！”话音刚落，一位年轻女士站了出来：“我是单身，我把她换过来吧！”

在充满慌乱和恐惧的时刻，年轻女士将生的机会让给了毫无关联的陌生人。她没有得到任何补偿，甚至连姓名都没有留下，这不正是对自私的彻底战胜？可以说，任何时代都有这样的人，他们面对利与义、生与死的考验，会以利益乃至生命的最大牺牲做出抉择。那么，他们究竟在追求什么？

很显然，他们在追求一种道义，一种尊严，一种价值。此种追求的实现形式是奉献，它无疑超越了一般意义上的自私。不过，作为理性的选择，奉献同样换来了精神收益，这应该也是自爱的表现。但是，此种自爱更重视心灵的满足，它从对他人的善行中汲取快乐，实现了由物质追求向精神追求的转换。在那一刻，利益交换的等价法则失灵了！当人们更加注重社会认同、公民责任、精神富有时，物质所带来的诱惑就降低了；当人的追求进一步上升至信念、信仰的高度，对生命的超越便成了可能。

总之，一个人若处于物质、功利的层面，他通常以获取为目的，因而不乏自私自利的算计；假如进入道德的境界，精神享受就摆到第一位，会将小我的自私丢在一边。此时，人不再是通过获取，而恰恰因为付出、凭借舍弃，才深刻地展示人性的光辉；也正是在给予他人、给予社会的同时，人们的内心涌动一股自我肯定的愉悦，并不断实现着自身人格的升华。

浮躁或许让人频繁做事，却难以真正成事。因为做事需要一个过程，做大事更是如此。远离浮躁，就要有主心骨。让自己静下来，是避免浮躁的妙门。

浮躁心

美国管理学者博恩·崔西说："任何人只要专注于一个领域，5年可以成为专家，10年可以成为权威，15年就可以成为世界顶尖。"

假如作一换算，只要你在某个领域投入7300个小时，就能成为专家；投入14600个小时，就能成为权威；

而投入 21900 个小时，甚至可以成为世界顶尖。可反过来讲，如果你只投入几分钟，那就别想成为什么。

难以断定具体数据的准确性，我却宁肯相信结论的合理性。当今社会弥漫着浮躁，能沉下来十年磨一剑的实属难得。浮躁的人心猿意马，凡事急于求成——创作想一鸣惊人，比赛求一招制胜，经商图一本万利，当官望一步登天，以至连看书也一目十行。总之，一切快字当头，只为着立竿见影、马到成功。

浮躁的蔓延，让无数人失去了做事的耐心和恒心。从企业产品到学术论文，从财务报表到统计数据，频繁地造假、放“卫星”。另一方面，个个迫不及待、见异思迁，遇到障碍即半途而废，所以要保持长时间的专注，越来越可称为“传奇”。

为何大家普遍拥有浮躁心？这与社会转型期的特定背景相关联。由于利益结构的大调整，人们仿佛面对新一轮洗牌，谁都希望抢得先机。特别是见多了走红、暴富现象，就更会滋生易动、急躁的病态心理。通常而言，浮躁具有对成功的强烈渴望，又不愿为之作长线付出。于是，大家习惯于变幻目标，今天向东，明日往西，或者挖空心思抄近路，总想在“短、平、快”中出人头地。

然而，浮躁或许让人频繁做事，却难以真正成事。因为做事需要一个过程，做大事更是如此，假如一味地压缩过程，就等于扼杀结果。孔子说：“欲速则不达，见小利则大事不成。”急于求成的浮躁，可能在短期内生出虚假的“繁荣”，但它很难持久，若有风吹雨打，顷刻便显出原形。

浮躁心堆起的脆弱，在于缺乏时间的积淀。大凡经得起时间检验的，先前都需要时间的投入，就好比一贴中药，即使各种名贵药材齐备，也省不了一个个时辰的煎熬。相比之下，浮躁只能带来低水平的重复，却无法造就真正的卓越。

既然浮躁不足以成事，为何又层出不穷？这源于人们天生的惰性，总期盼以最少的精力和代价，赢得最大的收获。因此，当听到别人的成功故事，尤其是见了诸多的投机取巧，便希望加以复制。但是，人人都有具体情况，别人的成功自有机缘，并非谁都可按图索骥，能走一条终南捷径。做事必须立足自身的条件和可能，别人的经验可以借鉴，却不能由此乱了心神。

毫无疑问，人生不是短途冲刺，步伐快慢绝非摆在第一位，关键是坚持到底。恰如人的成就主要不靠天分，更需专心致志和能够补拙的勤奋。对走长路来说，方向对就不怕慢，只要不停走下去，肯定能到头。反之，若浮躁地乱碰乱撞，则是自我折腾，极容易将路子走偏，最后不得不回头。

远离浮躁，就要有自己的主心骨。现代人习惯于忙忙碌碌，整天跟着风潮在场面上应酬、消耗，却无暇听内心的声音。许多人浮躁，并非因浮躁带来快乐，实是为所谓的脸面有光，不得不掐着秒表追名逐利。急功近利必然急火攻心，人们在浮躁中渐渐地迷失自己，忘了原本应该替自己活，而不是为了活给别人看。

心理学有“延迟满足”的概念。一个人想实现宏大目标，就应驱除浮躁，尽可能克制眼前的欲望，甘愿作长期的付出。北宋司马光便是一个典型，从 48 岁开始编纂《资治通鉴》，他以圆木作枕，睡觉只要落枕醒来，立即起床修史。如此呕心沥血 19 载，终于在晚年完成了千秋巨著。可以说，司马光就在寻求更有价值的“延迟满足”，他几乎也是同生命赛跑。未等书卷正式出版，司马光已然去世，但正因脚踏实地拒绝浮躁，才铸就了他的不朽。

事实上，成大器的人须有静气，甚至不可缺一段寂寞的时光。让自己静下来，是避免浮躁的妙门。而始终置身红红火火的热闹中，极易随波逐流，难以保持一份专心专注。忍受寂寞，一定程度上就是守候成功。只有经受了冷板凳的磨炼，熬过走弯路后独自疗伤的苦痛，才能收获极宝贵的心路历程，让自己知晓真正需要什么，值得追求哪些，从而平心静气面对当下，也更有定力去拓展未来。

《无量寿经》曰：“动作瞻视，安定徐为”，明示人不应浮躁，行为处事需安详、淡定，慢慢地为之。可世界瞬息万变，“徐为”又容易失去机会，经书上的话是否适用于普通人？进一步说，拒绝浮躁是否意味着拒绝功利？

毋庸回避，功利是绝大部分人都需要的，但做事就像耕耘，5 年有 5 年的收获，10 年有 10 年的结果，却休想靠几分钟取得回报。纵然从功利的角度，人一生能做的事其实有限，真能做好一件已是大幸。与其四处出击、浅尝辄止，不如瞄准一处，稳扎稳打地做。“安定徐为”的落脚点是“为”。当克服了心浮气躁，人们的姿态将从容许多，也能丢开患得患失。若如此，“徐为”反倒让人埋头深耕，在不问收获中成就更有建树的大作为。

虚荣心是被扭曲了的自尊心，它将自身存在的价值，主要依赖于他人的肯定。归根到底，人是为自己而活。即使境况不理想，也是独一无二的自己，又何必刻意重构一个虚拟的我？

虚荣心

都说高跟鞋是女人的尤物，可它最初却穿在男人的脚下。由于身材矮小，路易十四曾让鞋匠为他装上 4 英寸高的鞋跟。这一招也许并不让双脚舒适，但满足了法国君主想显得伟岸的虚荣，高跟鞋自此也成为欧洲上流社会的时尚标志。

虚荣心是一种追求表面荣耀的心理。为了赢得社会的尊重,不少人不惜采取造假的手法。在精神分析学家弗洛伊德看来,这是人类天性的一部分,真要找一个毫无虚荣心的人其实很难。从某种角度讲,虚荣也是有效的激励机制,能使人们不甘于现状,努力实现心理期望。许多人正因为有那么一点虚荣心,才倒逼自己不断迈上进步的阶梯。

但凡事过犹未及,虚荣更是如此。应该说,对“荣”的追求本非坏事,每个人毕竟都想获得称赞。虚荣的问题是“虚”字当头,甚至用彻头彻尾的谎言来支撑脸面。这好比肥皂泡,纵然可一时出彩,却只有瞬间的幻觉。幻觉不能当饭吃,肥皂泡迟早会破裂。随着时间的推移,虚荣同样会被戳穿,最终展现给大家的,还是那个遮掩不了的原形。

作为根深蒂固的人性弱点,虚荣源于相互之间的攀比。爱慕虚荣者通常极其自尊,特别在乎他人的评价。这样的人普遍敏感,且缺乏心理承受力,一旦不如意,要么以浮夸来自我平衡,要么以逃避作自我保护。但他们的内心总充满痛苦,始终有一股强烈的挫折感。

虚荣心是被扭曲了的自尊心，根子里透着自卑。因为它将自身存在的价值，主要依赖于他人的肯定。假如受到冷落、讥讽或鄙视，即加倍难熬，以致丧失抬头挺胸的信心。可见，虚荣仿佛精神“缺钙”，是逞强外表与脆弱内心的结合。当一个人实力不足又渴望表现，形形色色的“高跟鞋”便接踵而至。

自古以来，虚荣汇聚于名利场，弥漫在交际圈。前些年网络流行了一个字——“孬”，本意是谨慎、懦弱，却被喻指有房子、车子、女子，称之为“21 世纪最理解中国男人的汉字”。豪宅、名车、美色是人之所求，但以此炫耀，所满足的恰是国人好面子的虚荣。在我们的文化背景下，面子几乎等同于尊严，人们在社会交往中首先想着不丢面子，继而想更有面子，于是引发种种非理性的角逐。许多人宁可损里子，不肯丢面子，甘愿“打肿脸充胖子”，就是虚荣心在作祟。

虚荣心到底给人们带来了什么？好比戴上一副面具，它让人活得不再像自己。鲁迅先生说：“面具戴太久，就会长到脸上，再想揭下来，除非伤筋动骨扒皮。”过分虚荣的结果是活得很累，因时时需要伪装，自然

“死要面子活受罪”。换句话说,虚荣也许给人增添暂时的体面,却难有发自内心的愉悦,更难有持久享受的快乐。许多人正是被虚荣绑架,也被虚荣奴役,为此失去了轻松自在的生活。

虚荣超出了限度,不仅没有让自己满足,反而让自己排斥自己。“真我”与“假我”之间的距离,极易转化为无形的自我折磨,并且越来越难“解套”。因此,不如让自己回归真实,少一些没有意义的虚幻“包装”。

在路易十四离世 50 多年后,法国又诞生了一位著名的小矮个——拿破仑。当面对某位人高马大的将军时,他说:“我们有一个脑袋的落差,但如果不听命令,我随时可以削平它。”拿破仑是无需穿高跟鞋的。他的存在就是一种威严,也许低矮的躯体反显出气魄的宏大。做一个真实的自己,拒绝被虚荣扰乱心神。虽然你不是拿破仑,只要实实在在做人,也将有属于自己的气场。

诚然,现实总会有缺憾,这是人之常态。但每个人的长短、优劣,往往不可分割又相辅相成。你所羡慕的人,或许同样羡慕着你,就看如何衡量。归根到底,人是为自己而活。即使境况不理想，也是独一无二的自己，又何必自惭形秽，刻意重构一个虚拟的我。

人的一辈子很难伪装，其实也没有必要伪装。对心理期望中的差距，当然应着力改变，但不该徒劳地掩饰。做人不是三两天，与其争面子，不如争口气，通过超越自己来弥补短板。在人生的旅途中，穿高跟鞋是走不了长路的。只有远离场面上的追逐、玩虚，专心于更可发挥潜能、实现价值的追求，我们才能像穿平底鞋那样走得坦然，一步步赢得可经受时间检验的尊严和风采。

嫉妒是被破坏了的优越感，它不是从自己的拥有中提取幸福，反是从他人的拥有中寻求痛苦，可谓一种自我折磨。所以与其“羡慕、嫉妒、恨”，还不如将目光锁定自己，把嫉妒的气力转为自强的动力。

嫉妒心

有一副对联：“欲无后悔须律己，各有前程莫妒人”，下联直指人们常见的嫉妒心。

嫉妒俗称“红眼病”，是与他人比较，发现才能、声誉、境况等不如对方，因而产生一种由排斥、贬低、敌视等组成的心理状态。它被英国哲学家罗素视作“人类最普遍、最根深蒂固的情感之一”，并且是在人性所有特点中“最不幸的情绪”。

说到嫉妒，大家平日里多有感受，尤其是在相同的领域和相近的圈子，更易滋长此种心情。嫉妒来自于较量，若彼此之间没有关联，或者水平相差悬殊，就不会争你长我短。因此，距离产生美，近距离则产生嫉妒，文人相轻、同行相忌便是这个道理。

人从来到世上开始，或多或少都带有自我中心意识。虽然随着年龄的增长，情况会起变化，但无疑希望被推崇、欣赏。所以看到别人胜过自己，失望是难免的。说到底，嫉妒是被破坏了的优越感，特别是原先差不多甚至低于自己的人跃到前头，那份挫伤心理就愈加强烈，“羡慕、嫉妒、恨”也油然而生。

羡慕是嫉妒的起点，但后者的可怕在于向仇恨转化，因而有难以预料的破坏性。在战国时期，庞涓与孙膑、李斯与韩非本师出同门，可一旦心生嫉恨，就多了无比冷酷的阴招。“故木秀于林，风必摧之；堆出于岸，流必湍之；行高于人，众必非之。”任何年代都有接二连三的人，对出类拔萃者或无中生有诽谤，或绞尽脑汁陷害，总想置之死地而后快。

从本质上讲，嫉妒源于自身的缺乏。张三没有的，李四偏偏有，这种反差让心胸狭窄者无法容忍。在某些人的心里，自己得不到或办不到的，谁也休想染指。当看见别人的"好"，首先是不愿承认，继而竭力挑刺、诋毁，试图将他拉回与自己相同的水平线。但别人的"好"，岂是信口雌黄就能抹杀？退一步说，即使可以蒙蔽一时，也难以蒙蔽一世。现实不可能因嫉妒而改变，再多的纠结终究是一场徒劳。

如此看来，嫉妒心既可憎又可怜。像贪婪、懒惰等种种恶习，毕竟还给人带来一些初始的快乐，伴随嫉妒的却只有痛苦。因为它不是从自己的拥有中提取幸福，反是从他人的拥有中寻求痛苦，这可谓一种自我折磨。毫无疑问，嫉妒是欠缺智慧的表现，一个在精神上富足的人必远离之。嫉妒心重的，则难有成大事的器局。因嫉伤人者，往往伤人不成反自伤，总在自寻烦恼中耗尽自己。

嫉妒的病根是不恰当比较。一个人习惯于攀比，通常喜欢盯住别人。当看到自己的境况较好，心中自然满足，可过不了多久，他将发现另一些境况更好的人。因此，狭隘地与人较量，嫉妒就不可避免。正如罗素所说："如果你渴望荣誉，你可能会嫉妒拿破仑，拿破仑嫉妒恺撒，恺撒嫉妒亚历山大，而亚历山大……我想，他也许嫉妒那个不存在的海格拉斯。"

此类接龙式的嫉妒显然有盲点。人本是一个得失平衡体，享受了某一样"好"，就得承受另一样"坏"；并且某一样"好"，大多不会凭空而来，正是以鲜为人知的付出与代价换来的。世上的一切是连续的，有其果必有其因。我们没有必要与别人比，因为根本不知道他们经历了怎样的轨迹。所以与其"羡慕、嫉妒、恨"，还不如将目光锁定自己，把嫉妒的气力转为自强的动力。

"临渊羡鱼，不如退而结网。"嫉妒式的挑剔、打击，对别人不公，对自己也至多带来空虚的发泄。只有超越了嫉妒心，以实实在在的努力赢得进步，通过提升自我而不是压低别人，来缩小、弥补相互之间的差距，这份较劲才有意义，由此得到的满足才真正畅快。

每个人都有特定的视域，有目光所及的地平线。但是，地平线的后头仍是无限的世界。人生的路很宽广,毫无必要走进嫉妒的死胡同。当年苏东坡刚出道,欧阳修早已是誉满天下的文坛领袖。一日,他读了苏东坡的书信,不由感慨:“老夫当避路,放他出一头地也!”面对才情毕露的晚辈,欧阳修不仅没有忌防,而且预言此人必将取代自己。

“长江后浪推前浪”,这是客观规律。但世上又有极大的空间可以共处,有数不尽的机会可以分享,绝非一定谁取代谁。事实上,苏东坡也并未取代欧阳修。同为北宋文坛泰斗,两人都以鲜明的文风、笔法彪炳史册。而进一步载入史册的,更有欧阳修奖掖后进的胸怀。欧阳修放苏东坡“出一头地”,又何曾不是让自己的气度“出一头地”?丢开嫉妒,恰恰是丢开沉重而无用的包袱。欧阳修提携了苏东坡,也升华了自己,为人类记忆增添了一份穿越千年的人格风采。

怨恨心好比火药桶，时刻想引爆对方，可它实际上捆绑着自身，屡屡被爆破的也是自己。从某种角度讲，怨恨是弱者的反应，宽恕才是强者的风采。

怨恨心

俗话说："有仇不报非君子"；常言又道："冤家宜解不宜结"，究竟该依哪一句？基于不同的视角，人们得出的结论也不同。

毫无疑问，怨恨是人受到利益损害、情感损伤时的正常反应。若说世上没有无缘无故的爱，那同样没有无缘无故的恨。作为一种情绪，怨恨总有理由，但是否真有意义？我们再咬牙切齿，这份烦躁、痛楚除了在体内积淀，却难损他人一丝一毫。而因怨恨得不到宣泄，许多人反坏了自己的心态。

在怨恨中浸泡的人，注定烦恼无比。因为即使成功报怨，在扬眉吐气的那一刻，你的快感又会引发对方的仇恨。于是，宿怨越积越深，旧恨再添新仇，这导致报复的恶性循环。所以怨恨心通常结仇家，却难成赢家。由于满肚子怨气，人们往往显得鲁莽、冲动，极易生出事端。而经过轮番的以牙还牙，有的看似占了上风，自身也难免伤痕累累；或许出了一口闷气，但怨恨消磨了大量本可以用来做事乃至享受的时光。

怨恨心好比火药桶，时刻想引爆对方，可它实际上捆绑着自身，屡屡被爆破的也是自己。不少看似赢了的人，报怨后又倍感失落。怨恨不是免费的，需要时间成本和精神代价，通常还包括物质与健康的损耗。假如这样一算，怨恨大多是性价比极低的付出，场面上的“赢”难以给人心底里的快乐。

北宋法正禅师曾叫人把怨恨写成字条，逐一贴在铁饼上，并将所有的铁饼背在身后。谁的怨恨多，铁饼自然也多，喜欢记仇的人便不堪重负。禅师说："你们背负铁饼，仅仅一会儿就感到痛苦，又怎能背负怨恨一辈子?"在这里，禅师希望大家像放下铁饼那样放下怨恨。

作为凡尘中的一员，谁都会受外界的伤害。怨恨可谓人人共有，而且不只是简单的怨与恨，往往爱恨交加、羡慕与嫉妒混杂、自傲与自卑相融。怨恨属于情感的自然流露，但正如人的欲望发自本能，却必须理性约束。怨恨如水，若不及时导流，将在人的心中积成"堰塞湖"。因此，在湖水漫溢前必须加以疏通，以免怨恨演变为人们根深蒂固的情绪习惯，从而愈积愈烈，酿成一场既伤人又伤己的身心折磨。

放下怨恨，实质是懂得宽恕。仇恨不能由仇恨来终结，假如不想让事情进一步变糟，就应选择释怀。1980 年利比里亚发生政变，被喻为"铁娘子"的约翰逊·瑟利夫曾遭刺杀，幸亏护卫维撒以身挡弹才躲过一劫，可他却倒在了血泊中。开枪者是维撒的邻居乔治。瑟利夫后来东山再起，她打算惩罚昔日的仇敌。

可一次探望维撒母亲，恰巧老人手捧奶糖，准备送给乔治的母亲。

“她儿子杀了维撒，你竟然还给她糖?”瑟利夫深表疑惑。只听老人叹了口气说:“以前我也把她当仇人，每次出村，原本经过她家门前只需十分钟，但由于怨恨绕道走，却要两小时。宽恕了别人，不也让自己多一条出路?”

一番话令瑟利夫茅塞顿开。世间哪有那么多不共戴天? 用奶糖代替子弹，看似让他人受惠，其实也惠及自己。瑟利夫从此抛开仇怨，以宽容的心态待人处事，她也成为了非洲历史上首位女总统。

“得放手时须放手，得饶人处且饶人。”宽恕显然有怨恨所没有的力量，它不仅展现豁达的胸怀，还常常以道德感动、人格感召化敌为友。反之，若念念不忘复仇，似乎跟别人过不去，实是让自己活受罪，令仇恨的心结越系越死。从某种角度讲，怨恨是弱者的反应，宽恕才是强者的风采。当去除了怨恨，人们才有超越恶性报复的胸怀，以“相逢一笑泯恩仇”的宽恕，求得精神世界的坦然。

对仇怨是否都应宽恕？两千多年前，老子“以德报怨”，孔子则“以直报怨”——“直”即公平、正直的态度。两位先哲各执一见，却难以简单分对错。在纯粹的私人领域，当面对非原则性问题，我们尽可以宽恕。许多苦大仇深，起因不过是琐碎小事。如果看开了，都没啥了不起，此时来一个“以德报怨”实属上策。而在非私人领域，当面对原则性问题，就应“以直报怨”，让正义和公理得到彰显。因为这里的“怨”已非私怨，若一味既往不咎，势必姑息养奸，最终侵损整个社会的道德底线。

究竟如何报怨，需区别事情的性质，但老子、孔子都拒绝“以怨报怨”。“君子坦荡荡，小人长戚戚”。真正的君子总怀着开阔的心胸，不会在个人恩怨上过多纠缠，否则又怎能坦荡？其实，无论“以德报怨”还是“以直报怨”，务须放下睚眦必报的怨恨心。只有这样，人们才能清除毫无意义的心理垃圾，从而轻装上阵走向未来。当做到这一点，大家或许会发现，原先迈不过的一些坎竟然不复存在，脚下的路也不知不觉地越走越宽阔。

猜疑看似在自我保护，其实因防范过度而导致封闭，这好比在内心隔离、囚禁了自己。告别无端的猜疑，从根本上需培植自信。

猜疑心

朱元璋早年曾交了一个和尚朋友，当皇帝后不忘旧情，专门请他入宫逍遥。和尚心怀感激，特地写诗颂扬，首句是“金盘合苏来殊域”。哪知马屁没拍成，竟惹得朱元璋雷霆大怒。

和尚缘何冒犯了皇上？原来诗中的“殊”字，由

“歹”、“朱”组成，朱元璋以为在暗暗骂他，便立马将和尚斩首。猜疑心的杀伤力由此可见。作为人性的一大弱点，猜疑不讲依据，是无中生有起疑心。由于凭主观臆断，就容易神经过敏，戴上一副有色眼镜。这正像郑人失斧的故事，当怀疑邻居偷盗，观察他走路、说话的样子，活脱脱是一个窃贼；可从山谷里捡回斧子后，再看那人，言行举止就丝毫不像小偷了。

在此不妨想一想，要是斧子永远找不回呢？或许邻居将背一辈子“黑锅”。假如郑人也像朱元璋似的掌握生杀大权，那更是多一个不明不白的刀下鬼。可见，主观感觉并不牢靠，一旦掉入猜疑的陷阱，不管老友或邻居都将情同脆丝、缘若薄纸。

猜疑心让人捕风捉影，今天疑这，明天疑那，就连极平常的一句话、一件事都被琢磨半天，看它有怎样的潜台词。由于猜疑从假想开始，以揣测印证，故屡屡无事生非，小则添一肚子气，大则结一辈子怨，可谓害人害己。

当然，人需保持适当的警觉，尤其在科学研究、公共政策领域更应多一点怀疑，多一些“小心之求证”。

但这不等于胡乱推测，毫无逻辑地随意幻想，否则就成为一种病态。与理性的质疑不同，猜疑的症结是过度操心，他们操心自己还不够，更日日夜夜操心别人，擅长透过表象看“本质”。而“本质”总比表象吓人——既然“殊”字能拆出“歹”、“朱”，那么任何事只要一嘀咕，必然多了疑点，便有了杯弓蛇影的连锁反应。

《菜根谭》有言：“福，莫福于少事；祸，莫祸于多心。”在现实生活中，许多人疑心被算计，于是干脆先算计别人。但与猜疑相连的算计，大多没有赢家，除了将朋友算少、仇敌算多外，不过是算来算去算自己。可以说，猜疑不会给人带来福报，反而是内心的不踏实、不信任，严重的还有两败俱伤的灾祸。

因此，猜疑看似在自我保护，其实因防范过度而导致封闭，这好比在内心隔离、囚禁了自己。世界本来没有那么复杂，是猜疑将简单问题复杂化，甚至将不存在的问题变成问题。俗话说“难得糊涂”，一定程度是让人粗线条些，切莫听风就是雨，以免精神紊乱。这不失为处世的智慧，是活得轻松、从容的一种高明。

猜疑通常源于思维上的条件反射，故屡屡引起误会。在三国时期，蜀汉曾遭大旱，为节约粮食而禁止酿酒。有户人家被搜出了酿酒器具，官府打算严刑治罪。一日，大臣简雍随刘备出游，见一对男女走过，便称两人想做淫乱之事，提请当即拿下。刘备深表惊讶，只听简雍说："他们身上都有淫具，跟私藏酿酒器具的一样。"刘备会心一笑，就将关押的人放了。

凭私藏的器具推断行为，无疑站不住脚，但开明如刘备者，都因"人赃俱获"差点信了。所以，凡事若非亲眼所见，就应反复甄别、琢磨，不能只凭某种可能性就作"有罪推定"。事实上，只要跳出狭窄的思维定势，谁都会发现原先逻辑有多荒谬！可荒谬被戳穿之前，由于人们为封闭性思路主宰，那些逻辑又显得顺理成章。可见，要想远离荒谬，必须多角度思考，切不可先入为主。而心生疑虑时，假如能以简雍的视角看一看，或者站在对方的位置上想一想，大多猜疑将烟消云散、不攻自破。

猜疑心不是凭空而来，它往往起因于先前的吃亏、上当。现实生活充斥着欺瞒和伪善，故"害人之心不可有，防人之心不可无"。对平日里接触的人，我们听其言后观其行，乃至理性地打问号都有必要。然而，心里留一根弦，却不能眼里带一把刀。质疑不可盲目扩大化，否则草木皆兵，就丧失了怀疑的正当价值。

究其实质，猜疑是因为缺乏自信。疑神疑鬼的潜意识里是自我怀疑，怕被人取笑、被人议论、被人暗算，因而暴露了弱者的底色。这里的弱者，不与权位、财富简单挂钩，虽然富贵如天子、王侯，也不排除内心的孱弱。告别无端的猜疑，从根本上需要培植自信。一个真正有底气的人，是不会老将心思用于揣摩别人，不会太多在意那些无关紧要的闲言碎语。他们走自己的路，实在有更多、更重要的事需关注，又怎有闲情猜疑？他们坦坦荡荡、磊磊落落，更有开阔的胸怀容下是是非非，又何必没事找事地庸人自扰？

心之悟

XIN ZHI WU

依《说文解字》，“悟，觉也。”心之悟，如梦之寤，带给人生的是豁然开朗。

卷首诗题

心　笺

饱览烟云不惑秋，
坦然自在本当求。
万千皆备心长乐，
上下乾坤一体流。

小舍小得，大舍大得，而不舍不得。在人生关节点上的每一次取舍，都将深刻影响生命的走向，也有意无意地实现着一种价值。正是取舍的差异，形成了世间不同特质和境界的人。

舍得心

很久以前，北爱尔兰有一个叫奥尼尔的部落首领，与海盗头子展开了一场争夺土地的决斗。决斗的方式既特别又简单，即从对面的海域开始划船，谁用右手先触及陆地，谁就是那片土地的主人。

两人在同一时间、同一地点开桨。尽管奥尼尔拼

尽全力，却始终落后于强悍的海盗。眼看离海岸仅有几十米远，他刹那间做出惊人之举，竟挥起佩剑砍下右手，并毅然用左手将之扔出。奥尼尔赢了，因为他的右手比海盗提前几秒碰到大地。面对族人的期待，奥尼尔知道，肢体的残缺已微不足道。这一次取舍，使他成为北爱尔兰名垂千古的英雄。

今天的我们，早已远离了奥尼尔的年代，但取舍无处不在，小到周末安排、商场购物，大到职业定位、婚姻缔结。可以说，人生无时不在做选择题，且只能单选其一。怀舍得心，是将“得”建立在“舍”的基础上，为了某一个选项，不得不舍弃另一个选项。而正是取舍的差异，形成了世间不同特质和境界的人。

美国诗人弗洛斯特写过一首诗：“黄昏的树林分出两条路。我必须选择一条，留下另一条改日再走。可每条路都绵延无尽，终于我不能返回，从此决定了旅途中的人生。”是的，人不能同时走两条路，故迈步之初必须认真选择。因为一旦走上某条路，往往就难以折返，甚至不再有变道的自由。换句话说，选择了一条路，就意味着舍弃另一条路。

舍弃总是令人痛苦的。人有着多种多样的欲望，它们迎合不同的官能需要，可现实不会让一切都得到满足，因而欲望之间也在竞争，以抢占优先的序列位置。就像鱼和熊掌，虽然都为“我所欲”，当“二者不可得兼”，舍鱼便是无奈之下的选择。

如果说鱼和熊掌的取舍，尚属幸福的烦恼，奥尼尔以右手为代价保全土地，才是真的惨烈。人生有不少十字路口，由不得你从容算计，时间不等人，左右徘徊意味着彻底出局。正如当时的奥尼尔，连砍下右手也需要抢抓时机，因为稍晚几分钟的延迟都将使局面更糟。当断则断，方显英雄本色。

舍，自然不是纯粹的放弃，它与得相辅相成。在大多时候，没有舍就没有得。就好比人的一双手，只能抓有限的东西；假如不先放手，便不能腾出手来获取。小舍小得，大舍大得，而不舍不得。一个人只有舍得，才能更多更好地拥有。

就天性来说，人一般喜欢得，而不喜欢舍，但人生本是边舍边得的过程。相对于获取，舍弃更展示人的品质与智慧。春秋时期，公仪休主政鲁国，有人上门送鱼却被拒绝。对方问:“知道你爱吃鱼才送的,为何不收?”公仪休说:“我今天当国相,可以自己花钱买;要是徇私遭免职,以后哪有鱼?就因为爱吃鱼,才不能收啊!”公仪休的拒绝,看似对鱼的舍弃,其实是长久的获取。

舍与得是一个整体。知道舍什么,关键需明了得什么、追求什么。应该看到,人们通常将心思导向物质,可此类贪求往往并非生活的现实需要。而人一旦沉溺其中,极易为物所役,以致失去了做人的自由。故善于取舍,应懂得在物质面前做减法。当基本生活得到保障后,精神愉悦才是人的根本追求,其带来的幸福将超过物质的效用。此时,舍物质而取精神就成了必然的逻辑。

舍与得的选择,最终取决于价值观。事实上,人的行为由不同层面的动机所驱使,有的体现为高尚的追求,有的来自于功利欲,还有的出乎天然的生理需要。它们似乎都有合理性。可这些动机经常发生矛盾甚至陷入两难,如何取舍就由人们崇尚的核心价值来决定。从本质上讲,人是自我选择的结果。在人生关节点上的每一次取舍，都将深刻影响生命的走向，也有意无意地实现着一种价值。

“生，亦我所欲也；义，亦我所欲也。二者不可得兼，舍生而取义者也。”面对生与死的最大抉择，孟子宣示了他的价值观。生命毫无疑问是最可宝贵的，但为了心中的正义，无数人甘愿作彻底的自我牺牲。在仁人志士看来，生命不光是一条活着的命，更应当履行自己的使命，所以绝不能丢弃品格。若生命与道义不可并存，与其苟且偷生，不如寻求更有价值的献身。

可见，舍得心不是基于经验，而是基于信念，它为人生竖起了何去何从的路标。任何一个理性的人，都有拒绝痛苦、寻求快乐的取向，自然是不会选择死路的。但在理性之上还有更理智的人，他们会超越浅层次的生死观作权衡。生命毕竟不可缺尊严，当某种生存将昧着良知乃至被人唾弃，那是无以复加的耻辱，死路反成了人格层面的活路。于是，孟子做出了大义凛然的取舍，许多人义无反顾地抛开了生命。对他们来说，光荣地死去，将有精神的永生，具有超越活着的意义。

索求与幸福并不成正比，相反还会给人增添痛苦。毕竟人的欲念愈多，心思就变得复杂，快乐的阈值也随之抬高。简朴心的可贵，是对人生索求的去繁就简。

简朴心

有位中年人深感日子过得沉重，就找禅师寻求解脱。

禅师给他一个背篓，用来装从地上捡的东西。中年人出门了，背篓渐渐地越装越满，走路便不再轻松。禅师说："大家刚来到世上，都背着空篓子。假如每往前一步，都捡一样东西放入，肩膀又怎能承受？”中年人略有所悟，就问怎么办。禅师回答：“丢下身外之物，留下心灵之物。”

在这里，禅师讲了一则做人的至理。人心好比背篓，起初简单而朴素，但随着时间的推移，人的欲念层出不穷，精神上的累赘就越积越多。其实单从生活的角度，人们吃穿住用的耗费都有限；假如挥霍超出了正常的生理需求，不仅浪费财物，还有损于健康。但是，心理远比生理的需求复杂。当人的社会地位、价值评判由功名利禄来衡量，甚至奢华生活都成为一种荣耀，大家就会被“身外之物”所累，简朴心自然也逐渐远离。

失却简朴心的生活，极易被各种欲念吞噬。许多人为了升官发财，挖空心思钻营；还有的只为了满足虚荣，竟冲着一套豪宅、一辆名车，宁愿吃力地充当“房奴”、“车奴”。可以说，人心被物欲、名利牵着走，就多了形形色色的索求。而索求一旦产生，既有求时的焦虑，又有求之不得的失望，纠缠和烦恼便在所难免。

由此可见，索求与幸福并不成正比，相反还会给人增添痛苦。毕竟人的欲念愈多，心思就变得复杂，快乐的阈值也随之抬高。简朴心的可贵，是对人生索求的去繁就简。我们的老祖宗仓颉造字，将“人”画成一撇一捺，是除“一”字外最简单的。心灵本应简字当头，卸下不该有的贪欲和奢望，而保持一份宁静、澄澈的质朴，这可以让生命更有质量。

为何这么说？且看日趋功利的当今社会，人们的心弦越绷越紧，忙几乎成了普遍的生活状态。诸多的业界精英更是马不停蹄，恨不得一天掰成两天用。然而，大家孜孜以求的东西，到底有多少实实在在的价值？在整天操劳的应酬中，又有多少属真心想做？

很显然，当一个人被名利的缰绳捆绑，他总先做场面上必须应付的事；而对自己真正感兴趣的，往往因不太急迫，习惯于放一放，打算留待空闲时再做。可日复一日，生命便不知不觉流逝了。许多人日夜为生活奔波，却无暇品味生活，一辈子都来不及做最想做也最值得做的事。那么，究竟是谁剥夺了诸位的闲暇？正是自己。因为大家都被眼前的潮流所冲击，被各种社会角色、交际圈子倒逼着，早已丢弃了不为世俗左右的简朴心。

因此,何不给人生卸一些负担,删除诸多空耗精力却没有意义的事?人在世上,常常被各种欲念包围,可这非但没有让心灵充盈,反使大家为名利所累,与自己的真实需要渐行渐远。有的即使赢得了金钱与权位,它们却没有专属性,今天归你,或许明天即改换门庭。于是,许多人等进入生命的倒计时,才在蓦然回首中感叹:假如有来世,一定会重新填充生命的内容。这其实是一种提示,即我们在平日就应学会舍弃,设法远离那些热闹而空洞的场面,更花时间聚焦内心的渴望,注重火化后所能留存的自己,千万别等到临终的一刻,才后悔忙忙碌碌地虚度了一生。

“大道至简”。在现实生活中,谁都能将简单的事情弄复杂;而将弄复杂了的事情回归简单,却需要智慧。简朴心正是这样一颗智慧之心。它抛却做人的杂念,真正关切内在的自我。当然,对物质、功利的追求,也出自人的本性。但凡事皆有度,盲目追逐则过犹未及,不仅使自己背上沉重的包袱,到头来还将牺牲生命的品质。

简朴的实质是让人生轻装上阵,在崇尚物质生活简单化的同时，着力营造呵护精神的心灵空间。因为物质虽然是基础，但绝非压倒一切，当基本的生存需求得到满足后，人的精神需求将逐渐占主导地位。正如古希腊的伊壁鸠鲁所说，更多的钱财不会使快乐超过有限的钱财已经达到的水平。物质享受来得快，去得也快，且效用不断递减。幸福终究是心灵的感受，只有内求于己的精神愉悦才无止境，也能始终把握快乐的自主权。

需要指出，简朴心并非让生活清贫，像苦行僧般过日子；更不等于头脑简单，隔绝于纷繁复杂的世界。简朴是为了抓住要领，放下生命中多余的东西。美国影星利奥·罗斯顿曾说："你的身躯很庞大，但你的生命需要的仅仅是一颗心脏。多余的脂肪会压迫人的心脏，多余的财富会拖累人的心灵，多余的追逐、多余的幻想只会增加一个人生命的负担。"人追逐的太多，就容易成为物的奴隶。对于真正有信念的人，无疑需要竭力避免。

简朴心所指的放下，不是什么都不要，恰恰是明白要什么、要多少。借用本文开头禅师的话，"丢下身外之物”,是为了更好地“留下心灵之物”。人应当拒绝饕餮式的物质主义和功利欲,让心境远离浮华、趋向简约。由于放下了各式各样多余的东西,我们可以腾出空间致力于精神的追求,并锁定有限目标,投身更富有价值的创造与体验,从而尽可能塑造独特的自己,走出一条简朴且精彩的人生之路。

淡定离不开强大的内心控制。这一份内心控制，绝非简单的个性使然，而恰恰体现一种追求和境界。淡定者非同寻常，寻常者总难淡定。没有相当的精神层次，人们无法如此驾驭自己的心神。

淡定心

淝水之战正酣，东晋大都督谢安却在会客下棋。当前方传来捷报，他不动声色扫了一眼，便继续埋头对弈。此战敌强我弱，举国皆绷紧心弦，客人忍不住问战况，只听谢安淡淡地说："小儿辈大破贼。"

读南朝刘义庆的《世说新语》，每每为谢安的风范、气度折服。当是时，苻坚率前秦八十余万大军南下，声势几可“投鞭断流”。而东晋区区八万兵力，与之对垒，近乎以卵击石。在生死存亡的紧要关头，身为主帅的谢安却泰然自若，是谁给了他这般底气？

应该说，谢安的底气源于精神的强大，他比常人多一份“泰山崩于前而色不变”的淡定。顾名思义，淡定即遇事淡然、处事镇定。人生会遭遇形形色色的事，有顺利与高潮，就必定有磕碰和低谷。随着境况的变化，人的情绪通常起伏不定。只有修炼到家，才能宠辱不惊，永葆一颗淡定心。

淡定无疑需要内在的功力。常言道：得意不忘形难，失意不忘形更难。像谢安那样逢大喜却气定神闲的，属非常人，但考验尤其来自于逆境。许多人平日举止安详，顺风顺水时稳健、持重，可一旦陷入困厄，简直像换了一个人，转眼间变得消沉、颓废。故挫折与磨难中的淡定更为可贵，也愈显做人的尊严。

有一则趣话，讲下雨了，大家都赶紧奔跑，独见一人悠然踱步。旁人深感疑惑，只听他说：“急什么，前面不也下着雨！”这位“奇人”或许会被讥笑，可话里却不乏真知灼见。雨，反正躲不过，又何不随遇而安？同样的道理，厄运既然已降临，再多的焦虑、沮丧也无济于事，那何需庸人自扰，还不如让神经放轻松，干脆将之作为人生的必修课好好咀嚼。

人自从来到世上，就难以避免波折，包括谢安也有东山再起前的隐忍。但任何一桩事，凡已经发生，就没啥大不了的，毕竟地球照转、人照做。何况多数人预想的恐惧，往往比实际严重，以致并非困难无法克服，反而是自己把自己吓坏了。所以，当淡定地看待现实，该怎么办就怎么办，我们通常发现：那些原以为难跨的坎，远没有想象中的难；只要下决心跨，终究是能够跨的。

淡定心是对当下的坦然，更有对不如意的坦荡。万事如意是人们的良好祝愿，但万事不可能真的如意，遗憾本是人生不可或缺的。而今天的境况无论好与不好，都只代表现在特定的时点，一切都将起变化。既如此，我们又怎能为一时显达而神采飞扬，或者为眼前憋屈而自寻短见？大家所经历的事，其实都是人生这曲大戏不断变幻着的片断，通常也是逃避不了的，我们又何必不淡定?

究其本质,淡定源于参透生命的原味。生活自有甜酸苦辣,但所有的滋味最终都将淡却,只有空气、水和白米饭似的清淡,才是人之生命所需的基本味。真正的淡定者,总是对万事有着理智的判断,故而对人生格外豁达、宽容,既不会趾高气扬,也不会自怨自艾,乃至像古贤人所说的“不以物喜,不以己悲”。若持这样的心境,人们一定可以平和地面对悲欢离合,从容应付世间纷繁的阴晴圆缺。

淡定心不是对人生的消极承受,更不是对各种遭遇听之任之。淡定之“淡”,左边三点水,右边两把火,仿佛水火交融、阴阳相成的统一体。一半是“水”,好比一个人心如止水,始终保持清醒和稳定。但心如止水绝非心如死水,另一半是“火”,可谓一种能动性,蕴含了时刻准备着的力量。怀淡定心,看似静水无声,却有不可撼动的定见,它不光在某一些时点遇喜不狂、临危不惧,更难得的是一以贯之,总在波澜不惊中蓄势待发,从而牢牢把握人生的主动权。

当然,每个人面对大喜大悲,内心总有正常的情绪反应。即使淡定如谢安，等下棋的客人告辞后，也抑制不住兴奋舞跃入室，竟将鞋底的屐齿都碰断了。可见，淡定并非淡漠，它需要强大的内心控制。这一份内心控制，绝非简单的个性使然，而恰恰体现一种追求和境界。淡定者非同寻常，寻常者总难淡定。没有相当的精神层次，人们无法如此驾驭自己的心神。

《大学》有言："知止而后有定，定而后能静，静而后能安，安而后能虑，虑而后能得。"知止，即志有定向，止于至善。可以说，淡定心也是知止心。一个人只有真正确立了坐标，才能分清什么该坚守，什么该放弃，并逐渐形成自在、从容的生命气质。反观许多人，之所以随波逐流、患得患失，正是由于心无定向。因此，有心之"止"，才有心之"定"；有心之"定"，才有行之"淡"。心存淡定，不可缺志向这根主心骨，唯此我们才能朝着目标，排除外界喧嚣与内心杂念的干扰，以"八风吹不动"的定力自作主宰，一路上坚持，最终迎来水到渠成的结果。

对得失无须锱铢必较，否则极可能得了暂时的“芝麻”，反失了长远的“西瓜”。怀洒脱心，正是对物欲、利欲之锁的挣脱，它使我们在世俗功利面前，有“得即高歌失即休”的开阔情怀。

洒脱心

某人被烦恼缠身，当看到牧童吹着横笛，在牛背上逍遥自在，便照着一试，可心情还是老样子。不久，他又在山间遇见一位老人，神情安然自若，于是问解脱烦恼之术。

“有谁捆住你了吗?”老人问。

“没有。”

“既然没有,那何谈解脱?”

是啊,有谁捆住你呢?我们的手脚很自由,也能自主地呼吸和思考。然而,许多人依旧感到烦恼,就像被一副枷锁牢牢捆住,整天沉浸在焦虑、苦闷之中。那么枷锁从哪里来?不外乎金钱、权力等让人放不下的东西。毫无疑问,每个人对这些都有需求,问题是钻进去却出不来,就好比落入了欲望的无底洞,渐渐地越陷越深。

要挣开这副无形的枷锁,亟需人们对物欲、利欲的某种超越。烦恼似割不断的水,假如世间真有解脱的妙方,此帖妙方不在别处,不来自外人,而恰恰由我们自己掌握,它源于心境的洒脱。

从本质上讲,洒脱是精神层面的不受羁绊。人人皆有所求,尤其在物欲横流的时代,更为了数不尽的诱惑而奔波。奔波无非两种结果:得或不得,成或不成。可即使得了、成了,人们紧接着又将投入下一轮奔波。如此循环往复,我们的内心就被欲念笼罩,每天不得不追逐、算计着。与之不同,洒脱的人则换一种活法。某样东西纵然喜欢,但并非努力就一定能获取,且不妨以“得之我幸,失之我命”的心态面对;若某件事的结果已定,再多烦恼也无力回天,那不如坦然接受。

洒脱心是对事不勉强,让自己享有不被外物所役的精神自由。人生需要经营,但由怎样的心来经营却大有讲究。如果心灵成为一台只知计算功利得失的机器,那随之而来的人生必定精疲力竭。得失本是一组平衡,有得必有失,失又换来得。所以,对某个时点、片段的得失无须锱铢必较,否则极可能得了暂时的“芝麻”,反失了长远的“西瓜”。怀洒脱心,正是对物欲、利欲的挣脱,它使我们在世俗功利面前,有“得即高歌失即休”的开阔情怀。

人生有苦有乐,洒脱之可贵,更在于面对生活中的坎坷。作为一个普通人,当遭遇失败和不幸,难免沮丧、苦闷乃至意志消沉。但世间的事即使很糟糕,一定有比当下更糟糕的情形,故不幸之中存侥幸。何况沉溺于曾经的糟糕,只能带来新的糟糕。正因体会到这些,洒脱的人便能在坎坷中感恩,懂得排解掉种种不快,让心态回归平常。

其实不管对谁而言，人生都不可能是一条直线；况且直线的人生是那么贫乏，缺少值得咀嚼的滋味。我们说穿了是世上的过客，做人的意义在于体验，并从中实现自身的价值。这般看来，坎坷反倒是一场机缘，甚至是人生的福分，是最能锤炼和展现个人本色的时候。面对坎坷的洒脱，更是一种风采和睿智。它通过对人生痛苦的品味与化解，将赢得心灵的收获，并成就强大而独特的人格。

在适当的时候懂得放弃，是洒脱心的关键。有位登山者在海拔 6400 米处感到体力严重透支，便中途下山了。有人说："真可惜！为何不坚持一下？这样就可跨过 6500 米的死亡线。"他摇摇头回答："我一点都不遗憾，6400 米是我当时能到的最高点。"人遇到困难，诚然应坚持，但若明显超出了自己的承受力，就不要硬撑。穿越死亡线是登山者的渴望，可没有必要将性命作赌注。假如冒险攀爬却在死亡线上丢了命，那才是最可悲的。

拥有洒脱的心境，很要紧的是在力不从心时抽身。海拔 6500 米的死亡线，今天冲刺不了，可以留待下回；

即使一辈子再无机会,也不必耿耿于怀,毕竟还有其他事可以做。常言道:"退一步海阔天空。"假如太想要某样东西,就会将其看得过重,以致占据了整个心思。一旦从中跳出来,尤其是站到高处审视,人们往往发现它远没有原先想象的重要。"退一步"和"跳出来"便是一份洒脱。多少人当陷入死角时,只因稍稍换一种思维,即多了转身的余地,给人生开辟了意想不到的崭新空间。

洒脱看起来很潇洒,却绝不随便。有的貌似"挥一挥衣袖,不带走一片云彩",内心却几多苦涩。事实上,洒脱的人不是没有痛苦,只是不被痛苦所左右。真正的洒脱心,通常是痛定思痛的升华,是历经千山万水、阅尽风雨沧桑后的坦然。生命是造物主的恩赐,我们无法主宰生死,但完全有责任增删其内容,免得人生成为一段心力交瘁的行程。

说到洒脱心,古人常有及时行乐的取向,并形成乐天知命的精神文化。需要指出,"知命"不是"认命",绝非随波逐流、无所事事的安耽。高品质的洒脱,是不会忘了实现自我。因此,在乐观面对种种际遇的同时,总坚持着“尽人事”，以不负此生。当然，最终的结果在命不在我，不妨顺其自然。从某种角度讲，洒脱是以出世之心，行入世之事，既以随缘而遇、随遇而安的姿态做人，又以积极进取、有所作为的精神做事。这样的人生自然且歌且行，能活得更加充分，更多地享有自由、充实与快乐。

没有分享者的人生，无疑是寂寞的，也是做人的失败。世上的东西只有充分实现效用，才愈发显出意义。分享是将效用社会化，继而让社会效用最大化，使价值不断得以实现和扩散。

分享心

“独乐乐，与人乐乐，孰乐？”孟子问齐宣王。

“不若与人。”

孟子又问：“与少乐乐，与众乐乐，孰乐？”

“不若与众。”齐宣王回答。

孟子与齐宣王的这段经典对话，可谓妇孺皆知，它揭示了分享的意义。历史上有许多关于分享的典故。在灵山会上，佛陀拈花示众，诸信徒面面相觑，独见迦叶尊者破颜微笑，就因他分享了“不立文字，教外别传”的微妙心法。在汉江渡口，伯牙抚琴弹奏，樵夫钟子期的几声“善哉”，也缘于分享了高山、流水的美妙音律。分享是富有价值的。不少东西之所以被推崇，不因其名贵、珍稀，而恰恰在于被无数人分享。

不过，并非人人都有一颗分享心。与人分享，毕竟需要给予他人，可人心不见得慷慨。据说，有人从外地引进了一种名贵花卉，为让自己更多地赚钱，他拒绝向任何人提供种子。不料几年过后，花却越开越小，并失去了往昔的色泽。原来，邻居们都种当地的郁金香，花粉相互粘染，引进的花卉便逐渐退化。怎么办？植物专家的建议是，将种子分给邻居，大家共同种植，名贵花卉才能永葆雍容。

由此可见，无论种花还是做人，若不懂得分享，就好比将自己关在铁笼子里，封死了与外界良性互动的门户。而在崇尚合作的今天，拒绝分享，无异于自我孤立，在很大程度上也等于拒绝合作，势必将路越走越窄。事实上,许多人就是由于太唯我而被边缘化。正像登台表演,假如只想着独唱,却不愿为人伴唱,反过来谁又乐意为你伴唱?渐渐地,你或许连伴唱的资格也丢了。

拥有分享心,正是避免将自己关在铁笼子里,它让人多了一份开放与豁达。因为对喜欢的东西,人们难免有独占心理,以致打小算盘,唯恐他人分一杯羹。但是,死命抓着某样东西,我们双手拥有的,终究还是那一样。分享是懂得放手,给其他人参与的机会。这何尝不是让自己腾出手来,从而有空间赢得新的东西。

分享之难,在于资源的稀缺性。你给别人多了,自己的份额就少。但在现实生活中,分享通常是双向的。你与人分享,自然也有人与你分享。换句话说,给予别人,同样也是给予自己。三个和尚没水喝,就因缺少一颗分享心。假如调整一下姿态,不管轮流挑水或担水,只要懂得协作共享,和尚没水喝的困局便迎刃而解。

与人分享,也许不见得有对等回报。若我们投之以桃,对方却无动于衷,是否就吃亏了?应当指出,分享并非建立在等价交换的基础上,故不能以纯粹的利益尺度衡量。就物质财富而言，个人的消耗原本有限，纵然堆积起金山银山，如果无人共用，在精神层面与荒岛上的鲁滨逊何异？对功名的追求也如此，即使业绩非凡，要是连分享喜悦的人都寥寥无几，那得到的一切终究是空。

人生贵在分享。没有分享者的人生，无疑是寂寞的，也是做人的失败。世上的东西只有充分实现效用，才愈发显出意义。分享是将效用社会化，继而让社会效用最大化，使价值不断得以实现和扩散。俗话说："赠人玫瑰，手留余香。"虽然是财富、资源的单向付出，但这并非失去，而是体现一份关怀与友爱，由此获得的心灵满足，更好比对自己的回报，给人以超越物质的精神快乐。

有分享必有分担，这仿佛一枚硬币的两面。尤其对一个团队而言，不仅应分享权利和幸福，更应分担责任与痛苦。因为没有分享就没有凝聚力，没有分担则没有战斗力。以非洲草原的角马为例，虽然头顶着锋利的尖角，可一遇威胁，即四处逃窜，故年幼体弱的，极易为猛兽果腹。相比之下，狼群始终抱团，临大敌而齐力攻之，所以为虎豹所忌。因此，光有平时的分享，却无危难前的分担，那是乌合之众。唯有在分担的基础上分享，所形成的互利才切实牢固，也更可持续。

分享心极其重要，并且事关整个社会的良性发展。早在战国时期，商鞅变法"废井田，开阡陌"，实质是打破旧格局，形成有利于新阶层奋进共享的机制。正是这一招，让秦国迅速崛起，成就了一统天下的伟业。反之，古来多少王朝的倾覆，皆因政治腐败、体制僵化，导致中下层社会成员的上升通道被严重堵塞。当人们纷纷失去分享财富、分享权利的机会时，政权就很难有稳固的基石。

如此说来，分享既是处世法门，也是治世准则。几千年前的孟子敏锐地指出了这一点，可又有多少人真正善于分享、乐于分享，更有多少治政者能充分运用分享的智慧？

我们在功名利禄方面可以不那么如意，但应尽可能快乐。知足正是将这份愉悦掌握在自己的手里。事实上，每个人的今天都是命运的恩赐。它一旦被剥夺，再想回到从前，就难上加难。

知足心

唐代柳宗元曾写过一篇文章，讲了一种叫蝜蝂的虫子。每当爬行时，不管遇见什么，它都尽量驮在背上。不仅如此，蝜蝂还拼命往高处爬，所以要么累死，要么摔死。

柳公笔法入木三分。蝜蝂之可悲，在于无休止地攫取，不自量力攀高，其寓意令人深省。老子曰："祸莫大于不知足，咎莫大于欲得，故知足之足，常足矣。"假如蝜蝂能体会这层意思，结局一定不会如此悲惨，可惜一切只是"假如"。

当然，蝜蝂不过是纯虚构的一类爬虫。问题是，拥有星球上最高智商的人类，又有多少能开窍？人的欲望是无限的。"人心不足蛇吞象"，吞不下又不愿吐，那只会撑破肚皮。在现实生活中，可以看到太多的人被名缰利锁紧捆着，他们一刻不停地追逐，旧愿刚了，新愿即来，整天得陇望蜀。很显然，欲望不可能完全满足，若一味强求，必定徒生烦恼。人们追求名利，原本是为了快乐；可许多人却由于名利，反而丧失了原本的快乐。这正是人生的一个怪圈。

可见，知足心是多么重要。毕竟"广厦千间，夜眠不过七尺；良田万顷，日食不过三餐"，我们何必求得太多？况且再多的钱财、再高的权位，终将随身命消逝，又何必像蝜蝂那样拼命地将自己往死里送？

或许有人说，我也不想太拼命，当真不在乎物质与享乐，可名利是成功的标志，因而就放不下。毫无疑问，名利带来做人的荣耀，自然有很强的吸引力。但是，成功与名利却不能画等号。从追求幸福的原点出发，人需要名利，却不可唯求名利。过分贪图容易急火攻心，乃至走火入魔。古往今来，多少人穷尽一生心力，终于抵达本以为成功的目的地，等蓦然回首，才知道幸福不在此处……这样的人比比皆是，他们究竟算成功，还是失败？

怀知足心，便拒绝此类生活，拒绝一头扎进名利场，最终却被名利所困的一辈子。名利虽然也在一定程度给人以快乐，但无限膨胀的名利欲却只能带来痛苦，因为那是无法填满的胃口。人总比上不足，故需知足常乐。我们在功名利禄方面可以不那么如意，但应尽可能快乐。知足正是将这份愉悦掌握在自己的手里。

快乐的元素，所有人都不缺少。明朝有位教书先生胡九韶，家境贫寒，却每日焚香九拜，感谢上苍赐福。妻子百思不解，便问："一日三餐都是菜粥，怎么可算享清福？"只听他回答："一则生在太平之世，没有战事兵祸；二则平日有衣有食，不致受冻挨饿；三则家人无病无灾，牢中没有囚犯。”

按照通常的眼光，胡九韶与名利沾不上边，也根本算不上成功，可他照样快乐。他的快乐，来自比较的视角。有一句话很精辟，当哭泣没鞋穿的时候，我发现有人还没有脚。“知足者贫贱亦乐，不知足者富贵亦忧。”同样的处境，我们只要转一个身，看到的将是别样的场景。也正是对缺憾乃至不幸的体悟和宽容，让人懂得真实的人生，从而坦然地活着。

知足的实质是珍惜眼前。我们别老想着自己缺什么，而应多想已经拥有哪些。亚里士多德将免于灾祸，定义为幸福的两项标准之一。免于灾祸，就是看重当下的福分。好比生命和健康是每个人的最大财富，可大家总将之忽略，直到即将失去的那一刻。所以，大难不死、大病初愈会让人倍感幸福，因为这是好不容易捡回来的福分。反之，不知足而贪求分外的东西，极易误入歧途，以致带来本不该有的灾祸。

那么，知足心是否意味着安于现状？

这里要说亚里士多德关于幸福的另一项标准：积极的活动。人生应知足，但不能不实现价值。唯有将快乐与价值连在一起，才是真正意义上的幸福。因此，知足绝不排斥进取与奋斗，并且亟需“积极的活动”让内心更加充盈。然而，进取毕竟难以一路坦途，必须有承受曲折和失败的心理。当有条件前行时，我们要努力跨出一步；倘若无机会攀登，那就暂且停留。人生总伴随着磕磕碰碰，纵然你想走得更远，却已没有可能，则不妨想想那些落在你身后的人。

事实上，每个人的今天都是命运的恩赐。它一旦被剥夺，再想回到从前，就难上加难。痛苦和烦恼说到底不是外界带给我们的，它由主观认知所决定。知足心是让人懂得，不变的当下就是一种难得，在此基础上的奋进，成固可喜，不成亦欣然。真正强大的人，不依赖别人的喝彩，也不被输赢左右情绪，知足通常是做人不乱方寸的心理基石。

人，自然没有终极意义上的满足，知足是心灵的充实与平静。人们的知足，其实也有着层次的差别。高品质的知足心，将在知足中知不足——对名利知足，当止步时须止步，以此让人生轻装上阵；对修为知不足，锲而不舍磨砺，持续地丰富和提升生命的内涵。可以说,这是将外向的进取与内在的超越联结起来,让自己无论何时何地可进可退,却始终不失快乐的心境,始终享有创造价值的自由。如此人生,不正是莫大的成功?

澎湃新闻：静心最要紧也最实惠*

浙江省政府一位副秘书长在公务之余写的书新近出版——现任官员写书，大多是对其工作范围、管理领域的经验总结和理论梳理，或者属于个人的审美活动，比如诗集、散文集；但这本书的内容既与作者的工作无关，也不完全是一己的消遣，而是关于人的“心灵建设”的。

蓝色的封面正中镂刻了一个心形，扉页是红色的，一眼望去，视野中央就是一颗红心——但这本《改变，

---

* 见2014年11月25日澎湃新闻（www.thepaper.cn）首页，原标题为《浙江省府副秘书长“给自己”写了本书：静心最要紧也最实惠》，作者张军。

从心做起》并非“心灵鸡汤”，更不是“成功学”或“为官之道”。

“我在《自序》里说，这是一本给心灵松绑、让精神愉悦的书，因为人终究是一种精神性存在，假如不能在心灵层面实现超越，或许整天忙碌、也整天热闹，但不见得有精神的安宁与富足。”浙江省政府副秘书长陈广胜在接受澎湃新闻采访时表示，“那些‘刺刀见红’式的追求，很难经得起时间检验，也不会有真正的价值。”

陈广胜 1969 年出生。作为公务人员，他的仕途可称顺遂，历任浙江省政府办公厅综合一处处长、省政府研究室副主任、省政府办公厅副主任，2010 年起任现职。在国内，他较早地系统研究地方政府治理，2007 年曾出版 40 多万字的专著《走向善治——中国地方政府的模式创新》。

人生往往如是：先用力于外部，张望、拓展，试图给世界带来改变；然后，岁月流逝，或是感悟于现实的际遇，或是成熟于人生的磨砺，渐渐地“反求诸己”，转向内心。陈广胜说：人到中年，就好像爬山到半坡，已经走了不短的路，本身就应该休整。休整不是停留，而是为了将心摆好。“我见过不少人，包括大家眼里的业界‘精英’，似乎要什么有什么，可内心仍然感到沮丧与无聊。为什么？因为心没有摆好，就容易将路走窄，将人的格局做小了。”

“让人生快乐且有价值”是陈广胜新作的核心思想。“快乐其实不需要很高的门槛，每个人也都可以追求独特的价值，关键是需要心灵层面的逻辑再造。”他将人的一生比作爬山，登高固然是目标取向，却不是唯一取向，“爬山本来就是一场体验，并不只为了登高。纵然最后只爬到半坡，假如比众人都多一些山间记忆，能够阐释不同寻常的登临感悟，并且用平和、舒畅的心情走一段山路，那就不虚此行。”

“书里集纳的 30 篇文章其实是写给自己的，让自己静心、安心，我认为是最要紧、也最实惠的一件大事。”他说。

在微博上，认证信息显示为“人文及公共管理学者”的陈广胜是拥有 173 万粉丝的“隐身大 V”；《改变，从心做起》中的 30 篇文章则完成于博客，它们按“基”、“行”、“度”、“戒”、“悟”编排，“心之基”讲立心、立身的根本,“心之行”说人的进取,“心之度”是把握前行的节奏,“心之戒”是“踩刹车”,“心之悟”则是一路走出的豁然开朗。

【对话】

“‘刺刀见红’式的追求不会有真正的价值”

澎湃新闻: 这本书的“作者介绍”说明了你的公职,很多人的第一反应是惊讶:一个省政府副秘书长,案牍劳形,也世事了然,为什么会写谈“心性”的书?其中有什么机缘?

陈广胜: 机缘是各种因素的匹配,又往往起于偶然。4年前,我在新浪开了“佳桐”博客,既然开张了就要坚持,也就倒逼着自己将点滴感悟转化成文字。开博是一时起兴,却无意插柳,养成了业余写作的习惯。

2011年,我在博客上写了一篇《舍得心》,那是因为重读了美国诗人弗罗斯特的《未选择的路》:“黄昏的树林分出两条路。我必须选择一条,留下另一条改日再走。可每条路都绵延无尽,终于我不能返回,从此决定了旅途中的人生。"这首诗在大学里读过，当时并没有特别的感受。年过不惑再读，深深觉得人生无时不在做选择题，且只能单选其一。正是取舍的差异，决定着人的差异，形成了不同特质、境界的个体。真正开始"心系列"的写作是2012年夏天，但写《舍得心》时就埋下了种子。

澎湃新闻：人生往往如是：先用力于外部，张望、拓展，试图给世界带来改变；然后，岁月流逝，或是感悟于现实的际遇、或是成熟于人生的磨砺，渐渐地"反求诸己"，转向内心。以你的社会身份，有人不免会猜：是不是经历了什么特别的事，促使你的心理转向，变得"冲淡"起来？

陈广胜：并没有特别的某一件事促使我转向，也许是在合适的时点水到渠成。我大学读的是经济管理专业，但一直对人文学科感兴趣，平日有不少兴之所至的阅读。就像与古人、哲人对话，他们在千年之前、万里之外，你却可以与之交流，共享心得。时代在发展进步，人心却依旧相通。我写心、论心的不少灵感，便来自这份隔空的教诲与传承。

当然,许多文字需要人到中年才能写。中年就好像爬山到半坡,已经走了不短的路,本身就应该休整。休整不是停留,而是为了将心摆好。因为人终究是一种精神性存在。随着年龄和阅历的增长,假如不能在心灵层面实现超越,或许整天忙碌,也整天热闹,但不见得会有精神的安宁与富足。我见过不少人,包括大家眼里的业界“精英”,似乎要什么有什么,可内心仍然感到沮丧与无聊。为什么？因为心没有摆好,就容易将路走窄,将人的格局做小了。

澎湃新闻:“不如意事常八九,可与语人无二三”,世人确实普遍烦恼着,不少场面上很风光的人也照样纠结,你认为根子在哪里呢?

陈广胜: 人的烦恼并非取决于现状,而是来自于期望。现在的物质条件不断改善,但人们的幸福度反而降低了,无论哪个职业、什么圈层,甚至从小学生开始,心情就纠结着,有各式各样的埋怨与无奈。其中当然有发展阶段、体制环境、社会文化等因素,但毫无疑问,人们普遍在心灵层面上出了问题。

本书的《自序》,标题是“让人生快乐且有价值”,这也是全书的核心思想。当今社会越来越功利，财富几乎成了压倒一切的“硬通货”。可问题是，物质化的功利能让人一时开心，但欲望无止境，即使钱财再多、地位再高，紧接着的是更多、更高的企求，总有一天会让你累趴下。许多人整天忙于场面，一辈子干着虚荣心驱动的活儿，却来不及做心里真正想做的事。这样的人生，从本质上走进了死胡同。而“急火攻心”、“刺刀见红”式的追求，或许可以出不少东西，但很难有经得起时间检验的好东西，也不会有真正的价值。我的书试图传递一种价值观：生而为人，应当将价值的实现与实现价值过程中的快乐统一起来，行于中道，实现生命的双赢。

“我的书里没有‘打鸡血’的话”

澎湃新闻：谁都希望将人生的快乐与价值叠加起来，但快乐人生已经不易，还要实现价值，这对于大多数人是否现实？

陈广胜：快乐其实不需要很高的门槛，每个人也都可以追求独特的价值，关键是需要心灵层面的逻辑再造。有句话很精辟:“当哭泣没鞋穿的时候,我发现有人还没有脚。”大病初愈、大难不死会让人倍感幸福,就是因为引入了新的参照系,与生病、受难相比,无病无灾就是福,难道不值得快乐?当然,快乐更有层次之别。停留在物欲层面的快乐,来得快,去得也快,只有建立在价值实现基础上的精神愉悦才长久。

人生价值绝不是用金钱、地位来衡量的。人都喜欢富贵,富贵却不是生活的必需品,更不是价值的坐标尺。它们毕竟不具专属性,即使拥有,也只是暂时的,总有撒手的时候。真正的价值具有延续性,也许是一个人火化后留给社会的东西——除了骨灰,那就是你独特的生命创造。

对普通人来说,这个要求是否太高?恰恰相反,它比纯粹、浮躁地追求功名利禄更为轻松、从容。人的一生好比爬山,登高固然是目标取向,却不是唯一取向。有时因山势陡峭,或者体力不支,我们再也走不动了,那就不妨停留。因为爬山本来就是一场体验,并不只为了登高。纵然最后只爬到半坡,假如比众人都多一些山间记忆,能够阐释不同寻常的登临感悟,并且用平和、舒畅的心情走这段山路，那就不虚此行。事实上，你的感悟就是一种独特性，爬山的过程已实现了快乐与价值的结合，那比只求赶路却稀里糊涂地登顶要有意义得多。

澎湃新闻：书里的文章，成文最早的是《舍得心》，但放在篇首的是《平常心》——这是在与“成功学”区隔吗？

陈广胜：这本书与“成功学”、“心灵鸡汤”最大的不同，就是不钻成功的“牛角尖”、不为成功而成功。假如将成功视作结果、实物化为功名利禄，那它永远是不可控的，不是你想打拼就能得到的。但人生的进取方向有两种：对外在世界的拓展，对内在世界的提升。如果说前者要机缘，受制于“偶然”；后者则取决于内心，只要坚持自我锤炼，就会有长进，也就是自我超越的成功。

因此，我们需注重职业与事业的定位，不能光为了活给别人看。假如自己选择的事是真心想做的，就会有使命感和乐趣。这样，就能立于不败之地，因为追求的过程就有意义，自然就有“只问耕耘，不问收获”的耐心。当实现了心灵的超越，我们对那些狭窄的成败将更多一些坦然，更会按照自身的禀赋进行生命内容的组合，这不正是做人的成功？所以，书里没有“打鸡血”、“打强心针”的话，我希望更像是几味久经煎制的良药。

澎湃新闻：没有特别的某件事促使你的心理转向，但工作、生活中总有什么作用于你，让你生出这些人生感悟？

陈广胜：是的，既然形成文字，或深或浅，会有一些来自于岁月的累积和形形色色的人生际遇。

比如，我写过《感恩心》。感恩的前提是感知，但人们一般会想到对好事、顺风顺水的事感恩，却不知平平淡淡的日子也值得感恩，甚至能从不如意的遭遇中找到一份幸运。

去年 5 月，我 80 岁的老母亲在散步时被电瓶车撞了，脑部严重受损，拍片显示密密麻麻的出血点。这样的高龄，综合母亲的体征指标，医生都认为没有动手术的必要了，言下之意再清楚不过。对母亲和我们做子女的来说，这是多大的不幸！第二天半夜，我被紧急通知必须实施气管插管，按医生的判断，此后的一步步可以想见。但昏迷不醒的母亲竟然在18天后退烧了，渐渐地苏醒，拔掉了插管……经过1年多康复，现在又能够散步、简单地与人交流。不管怎么说，这都是一场厄运，但厄运之后却分明有幸运，令人无法不感恩。

就在我探望母亲途中，高速公路上发生车祸，我的车靠急刹躲过了一劫，前面的车辆却飞上了隔离带……只因为出门稍晚了几秒，我成了幸运者。

人生就是这样，每天的平安似乎不值得一提，其实都是幸运。

“‘心灵’看似很虚，其实跟谁都贴着”

澎湃新闻：印象中，现任官员写书，或者是对于工作范围、管理领域的经验总结、理论梳理；或者属于个人的审美活动，比如诗文集。但你的这本书，既无关工作，也不完全是一己的消遣。更特别的是，还是有关“心灵建设”的。你设想的读者群是怎样的？

陈广胜：这些文字与我的日常工作搭不上边，也跟我过去攻读并从事研究的经济管理、公共管理相距较远。但心灵的东西看似很虚，其实跟谁都贴着，并且决定着人的取向。所以，单纯从书的角度，完全应该淡化我的官员身份。说到目标读者，我想任何群体、任何年龄段都会有心灵层面的问题。这本书是通俗、浅显的，除了受限于本人的水平，我也不愿作学究式的理论推导。不过，有人生阅历的读者可能更容易产生共鸣。

澎湃新闻：俗话说“侯门似海”，你现在的岗位更是身处要津，需要协调上下左右关系，也要处理诸多事务。而你书写的对象——心灵，又是人的底层平台，是如此“空灵”。稍有经验的人都知道，要写这些文字，“时间”和“静气”二者缺一不可。理查德·克莱恩写《香烟——一个人类痼习的文化研究》，写完把抽了几十年的烟戒了。你在写书过程中得到了什么？

陈广胜：机缘是个“匹配”问题，时间是个“组合”问题。作为一名公职人员，首先必须履行好岗位职责。工作是硬任务，我从没有懈怠过，但人总有业余生活，少些应酬，就多了自主的空间。叔本华说：“闲暇是人生的精华。”只有闲暇，才使人得以把握、支配自身。用业余时间写自己感兴趣的东西，有话则长，无话则短，那不算是一件苦差事。而且，多年来我已习惯了高强度的工作，急就章写公文也是常事。每月一两篇博文，并不占用太多的时间。

“心系列”文章，我其实是写给自己的。让自己静心、安心，我认为是最要紧、也最实惠的一件大事。这30篇文章，每写一篇，我都对自己的内心梳理了一遍。将自己的心安顿好了，这是极大的收获。写文章与做人、做事，都需要静。静不是无所作为，更不是消极避世。《礼记·大学》说：“知止而后有定，定而后能静，静而后能安，安而后能虑，虑而后能得”，这是千年传承的智慧。

后　记

这是一本由三十颗“心”组成的书，每篇文章都不超过两千字。假如每天抽空读上一篇，正好一个月时间。应该说，相比诸多成功学方面的著作，本书不见得实用，但也许在无用之中，才有了它的一点点用场。

需要特别感谢新浪，不仅书中的绝大多数文章都被博客首页鼎力推荐，更重要的是，我对于业余写作的兴趣，来自于“佳桐”博客(http://blog.sina.com.cn/chinachengs)的开办。博客就像一个茶馆，既然开张了，就怕门庭冷落。于是，不由地倒逼自己时而填充一些东西，“心”系列便是其中的一组文章。

书为心画，诗为心声。写心的书，理应有诗的一席之地。在对拙作按“心之基”、“心之行”、“心之度”、“心之戒”、“心之悟”的脉络编排之时，我尝试着分别题了卷首诗。毫无疑问,这是一件吃力而不讨好的事。因为一首诗绝对难以兼容整卷文章的内涵,可我还是企图凝炼其中的某些精髓,让三十颗"心"更好地成为一个整体。

写心、论心,仿佛也是同自己对话。人在世上,大体都只有几十年光景。我们走过的路,有平坦也有崎岖;经历的事,有如愿也有失望。但无论阴晴圆缺,最要紧的是将心摆好。心若安好,纵然雨打风吹,也仍是一番景致,自有别样的趣味。

毫无疑问,书的第一读者永远是自己。而写一本让自己读得下去的书,则是我的初衷。当然,我最想将书献给我的老母亲。

记得多年前,我出过一部公共管理方面的专著《走向善治》,书还有点厚。我并不奢望有多少人一字一句读完,然而,母亲却真正在一字一句读它。去年春节,我跟她讲要写这本书,可不久,母亲竟遭遇了一场事故。虽然经过抢救,她恢复了神志,但再难像当年那般阅读了。

不过,母亲一直有着她的坚强。她一点点地恢复,甚至连医生都有些吃惊。想象着，当我将这本书递给我的母亲，她定然带着惯常的微笑。此情此景，对我来说已是万幸，也是遗憾中的知足。

人到中年，需要感恩的人很多。包括出这本书，也是特定的机缘所致，更有许许多多需要感谢的人。但既然写心，那就将一切放在心里吧。

陈广胜

2014 年 7 月于钱塘江畔

感恩是静静流淌的河

在本书的《后记》中，我讲到有许许多多需要感谢的人，但没有点任何人的名字。没有点，并非不记得，我原本想以一种宁静来表达一份感恩。但是，当拙著修订之际，我的心中还是涌出了长长的名单：

首先需要感谢新浪的张学军先生。得益于他的垂青，这组“心”系列文章得到了网站的鼎力推荐。推荐虽然没有给文章增色，但却激励我一篇一篇地写下去。要知道人不管做什么，在起步的时候，有几声喝彩是挺要紧的。当初写心，其实是偶发性的，竟发现有人认同、共鸣，此种愉悦会让你更多一分坚持。

建议我结集出书的是浙江省政协常委、浙江工商大学公共管理学院院长陈剩勇教授。陈老师曾扛鼎主编《浙江通史》，在政治学、公共行政学和历史学等诸多领域硕果累累。他对此组文章的肯定，让我萌生了将“写给自己”的文字出版的念头。

出书以后，麦家先生给予我极大的鼓励。麦家是无须介绍的，作为“谍战小说”之王，《解密》、《暗算》、《风声》、《风语》无疑拓展了国人的眼球世界，给当代文坛留下了独特并有震憾力的冲击。麦兄看了拙著，有次还请来出版界的一位朋友，在他的寓所与我作深入交流。不仅如此，他还在《人民日报》为本书发表了文章。对处于创作旺盛期的一流作家来说，这是极分心的一件事。而他的文字尤其令我感动，现已作为本书的序言。我深知其中的那些褒扬并非自己能够承载，却实实在在地感恩这一份相知。

凤凰卫视的吴小莉，是华语世界最有影响力的主播之一。结识小莉，缘于多年前一次访谈的筹备，后来时有联络。小莉将节目的每一个环节都做到极致，这使她始终“与卓越同行”。更可贵的是，卓越的小莉仍然谦和着，这想必来自心灵的修为。给小莉寄书，有幸得到她的积极回应。其时，她正忙一场与小米科技创始人雷军的对话，却拨冗给本书写了推荐语。

其实，我未曾热衷于书的市场策划。出版社收到书稿后，就提示我找名家“站台”，以便扩大书的传播力，我却一如既往地顺其自然。我感到书是个人的空间，你想传递怎样的声音，就让自己的文字来表达。而书是怎样的，人们通过阅读自然能知晓。至于读不到或不愿读的人，或许暂时无缘，那也无妨。这就好比朋友，并不是多多益善。关键是读了的人，就像找到了一位知己。

正因如此，拙著出版后，不仅没有开发布会，头几个月甚至连一条新闻报道都找不到。应该说，我还是有不少传媒界的朋友，可似乎更希望书的“口口相传”。需要感谢中国新闻社浙江分社的副社长柴燕菲。她读到这本书，此后又无意间搜到我几年前一次讲座的资料，似乎还对胃口。几番短信交流，促成了中信社的一篇书讯。此稿当即被新华网、人民网、凤凰网、新浪网等上百家网络媒体转载。澎湃新闻的张军先生凭着一股职业的敏锐性，不仅通读了本书，还全面翻看我的

200 多篇新浪博文。他传来近 20 个问题的采访提纲，所选择的角度、挖掘的深度非一般记者能够比拟。是否接受访谈，我一开始心存顾虑，但澎湃新闻的品牌尤其是张军先生的专业性，实在让人无法舍弃这样一次交流。

还要特别感谢三位师长——浙江大学副校长罗卫东教授、经济学院张旭昆教授和浙江省政府咨询委委员杨树荫先生。罗老师在大学期间就受我敬重，虽然他未曾直接授课，但我们的交流颇多，以致当年经常在他的宿舍喝啤酒。我知道罗老师的眼界很高，轻易不说捧场的话，此次竟积极推介拙著，在微信圈写了长篇的评语。张旭昆是我大学毕业论文的导师，有着时下难得的严谨学风，是我眼中少数几位理论功底胜过虚名的学界翘楚之一。看了书后，写出《此心安处是吾乡》的书评，经典式地阐发了本书的精髓。杨树荫是我原先单位的上司，后来担任重要研究机构的负责人，是一位具有“独立之精神”的散文家，信笔作了一篇《广胜之胜》的文章。他们的见识和笔力一直令我钦佩，能躬身“抬举”曾经的学生与下属，我更视作一种期望和鞭策。

党政机关的同行也给了我许许多多的鼓励。因自己的手头也缺书,更考虑到书的内容与工作无关,我原先只在极小的范围赠阅。意想不到的是,竟收到了热烈而真诚的回复。一位平日没有私交,却在我心中颇具分量的领导,不仅口头上给予肯定,还在他主管的单位以及相关系统中力推拙著,确实使我感动。

《改变,从心做起》这本书,让我进一步体会到心灵是分波段的。若频率相近,即使凭三两行文字,就能共鸣,继而有会心之后的神交。有位堪称管理大师的知名企业家,平素未曾与我交往,当读了澎湃新闻的那篇采访,却发来 170 多字的一条短信,认为“当今这个时代,写这本书非常有意义”,“如果中国人再不认真地审视自己,终有一天中国仍然将‘归零’。作为体制内的一员,你仍能保持这一份清醒,我深表敬意!”身为驰骋商场的风云人物,他的肺腑之言或许是对我说的,也并非只对我说,他传递着商界精英对社会潮流与时代精神的深切焦虑和体悟。这又使我想起茅威涛曾希望我的那篇《简朴心》刊登到《爱越世界》上的事。茅毛看中此文,一定是有理由的。我想小百花越剧团能独树一帜走到今天,绝非凭场面上的热热闹闹,不正是由于一种坚守,继而有“大道至简”生出的绚丽。

还得感谢我的同学。在大学同窗的微信圈,我的书长时间成为关注、议论的焦点。在这人人都很忙,出书如长韭菜的年代,大家居然像传接力棒似地转发我的书讯及文章,同我分享心得。我的研究生班微信圈 4 天时间竟有 300 多条与书相关的留言,因恰逢同学聚会,而我手头也没有书了,大家便自行分头购买。当时网上网下书城几乎告罄,以致出版社通知预留的几本书也被买走了。后来,赵阳、冯琼梅等同学分别在亚马逊、晓风书屋、博库书城凑齐了 30 多本书。对读书人来说,买书不是一件稀罕事,但现在的人们却越来越少买书了,自己掏钱买老同学的书更是稀罕,这着实让我由衷感恩。

为什么选择浙江大学出版社?因为 2007 年我在那里出了一部《走向善治》的专著,研究现代地方政府治理问题,反响还不错,此后便有再版的提议。我觉得再版就需进一步作理论思考与实践挖掘,但无论主观还是客观上都难以投入相应的精力，于是一拖再拖。当陈剩勇老师建议我集博文出书的时候，浙江大学出版社就成了再续“前缘”的应选项。对这本书，黄宝忠副社长和陈丽霞女士、谢焕先生给予了足够的重视，并基于市场化考虑，就装帧费了一番心思。我不懂书的营销，何况它是一本无意插柳的闲书，便任由编辑去处理了。应该说，市场反响很好，但以我的感觉而言，那种带一颗红心的封面设计过于轻巧，不是自己希望呈现的风格。书如其人，我更倾向于让书厚重、质朴一些。感谢出版社没有犹豫，立马做了调整。新版的书，摆在书摊中也许不如原先醒目，但它毕竟更像自己的作品。

此篇后记，贯穿的主线是感恩。说一声感恩万岁，可谓天经地义。不过，万岁通常带一点渲染之后的夸张。事实上，对平生许许多多值得感谢的人，假如能铭记九十九年，那就足够了。九十九，对于人的生命几乎已是极限。所以，我会说一声“感恩九十九岁”，因为这是普通人脚力所及的天长地久。

任何一回感恩，都难以点全所有人。并且常常是，那些在内心深处最值得铭记的人,你却难以说出口。在我的脑海里,感恩是一条静静流淌的河,可以没有声响,但一定有它的朝向。人,总渐渐地不再年轻,而且将越来越不年轻,但毕竟都年轻过。从幼年、少年、青年直至不再年轻的今天,有太多的人给予我关怀、帮助和指点,在此真心地说一声:谢谢!

出这样一本书,更需要感谢我的家人。家是安心之所,是最可以卸下多余、阻隔喧嚣的修心空间。在不少地方,妻子与我挺相似,都希望将方方面面做好一些,也同样喜欢阅读,并忙里偷闲写一点文字。我的每篇博文,她几乎都是最先的读者。通常,我能听到一句笑咪咪的:"嗯,不错!"然后——时而会有然后,她将给出一点建议。这是来自女性视角,总带着灵气的观点。读小学的女儿,自然不看爸爸那枯燥的文章,但凡是妈妈讲的,不管有没有听懂,她都脱口赞成。于是,一般我都会按照她们的"重要意见"作修改。因此,本书拥有由两人组成的"顾问团"。

最后,还是要说说我的老母亲。从一场不幸的事故中恢复的她,收到了我送来的书,但她显然已不能阅读，甚至无法知晓书与儿子有什么关系。她稍稍翻了翻就放下了，继而对我说："吃饭了吗？不要饿着啊！"当握着我的手时，她觉得有点凉，便说道："衣服不够，妈妈有钞票，可以买。"对脑部曾有密密麻麻出血点的八十多岁老人，这样的交流已极其不易。母亲受过高等教育，可今天的她，却不能再与儿子分享出书的喜悦。但母亲却依旧怀着天然的母爱，这一份最朴素、也最深切的情感，是任何灾难都剥夺不了的。因为它并非来自理智，而来自心灵的底层，又怎是一场事故所能割开？

陈广胜

2015 年 1 月 6 日